MAMPOSTERÍA Y SILLERIA EN CANTERÍA

Contenido

Tipos de Mampuestos 5

    1. Introducción: 5

    2. Piedra en rama, ripios, mampuestos y sillarejos: 6

    3. Mampostería: ordinaria, concertada, etc... 8

Sillar y Perpiaño 9

    4. Sillar, perpiaño 9

    5. Fábricas a una y dos caras: 11

    6. Procesos y condiciones de ejecución. Suministro. Colocación. 12

Elementos constructivos 15

    7. Elementos constructivos en piedra natural. 15

    8. Tipos de fábricas de piedra: 18

Agarre y asiento 21

    9. Componentes, mezclas de agarre y asiento 21

    10. Operaciones de fin de jornada 24

    11. Procesos y condiciones de calidad; defectos, causas y soluciones: 28

Sistemas de representación 29

    1. Introducción: 29

    2. Proyectos: documentación: 30

    3. Sistemas de representación: diédrico y perspectivas: 30

Características y croquis 32

    4. Características de las piezas de piedra. 32

5. Realización de croquis 34

Replanteo planimétrico y altimétrico 35

   1. Introducción: 35

   2. Replanteo planimétrico y altimétrico (planta y alzado). 36

   3. Referencias de replanteo: 38

   4. Ubicación de remates: molduras, alféizares, dinteles, jambas, etc. 42

Preparación de mampuestos 43

   1. Introducción. 43

   2. Preparación de mampuestos a partir de piedra en bruto. 43

   3. Preparación de los sillares y perpiaño. 48

Útiles manuales y mecánicos 51

   4. Herramientas y útiles manuales y mecánicos para el ajuste. Utilización. 51

   5. Labrado 61

Fábricas de mampostería 64

   1. Introducción 64

   2. Construcción de fábricas de mampostería. 64

   3. Replanteo. 66

Utilización de anclajes 70

   4. Utilización de anclajes en la colocación de mampuestos 70

   5. Aparejos 71

   6. Huecos. Ventanas y puertas. 74

Fábricas de Piedra 77

1. Introducción. 77

2. Construcción de fábricas de piedra. 78

Repaso de Conceptos 89

   1. Introducción. 89

   2. Un repaso de conceptos. 89

Escaleras y Cimbras 98

   3. Escaleras. 98

   4. Arriostramiento provisional. 100

   5. Cimbras y sopandas... 102

Elementos auxiliares de Piedra 106

   6. Colocación de elementos auxiliares y complementarios: rejillas, sumideros, y otros. 106

Cantería Rústica Tallada a Mano 118

El Labrado de la Cantería a Mano 121

Tipos de Mampuestos

1. Introducción:

Se define como muro de carga aquel que forma parte de la estructura de un edificio, como muro de contención aquel realizado con el fin de soportar cargas horizontales del terreno, como muro pantalla el que trabaja como muro de carga y de contención, como muro de seguridad el que divide espacios con el fin de restringir los accesos a ellos, como muralla la que tiene un fin defensivo.

El muro está compuesto por la unión monolítica de pequeños elementos, como piedras o ladrillos, generalmente unidos con un aglutinante o mortero.

En la Prehistoria, ya se construían muros, que servían para casas o viviendas temporales. En el Neolítico, aparecieron las primeras expresiones de arquitectura, con las construcciones megalíticas y ciclópeas, evolucionando con el paso de las distintas culturas hasta la actualidad, siendo el tradicional muro de carga el recurso constructivo más empleado.

Gracias a la estabilidad y solidez del muro, el hombre ha podido crear espacios habitables, edificios de usos religiosos, culturales, productivos, defensivos contra agresiones enemigas e infraestructuras civiles.

Desde la antigüedad, el hombre ha utilizado la piedra como principal componente para la ejecución de los muros. Este es un material sinónimo de solidez, protección y durabilidad y, al tratarse de un material inerte, mantiene sus características mecánicas.

2. Piedra en rama, ripios, mampuestos y sillarejos:

La palabra piedra es utilizada en el lenguaje de las canteras, arquitectura e ingeniería para referirse a un material de origen natural con altas características consistentes que lo hacen apropiado para la construcción.

En las canteras, se extraen las piedras, que se labrarán y ordenarán, transformándose en materiales de construcción que serán utilizados en las diferentes unidades de obra. Se puede realizar su clasificación por su origen, su dureza o por su tamaño y forma.

– **Bloque**: porción de piedra de grandes dimensiones obtenida directamente de la extracción sin ningún tratamiento posterior.

bloque de piedra en bruto. Cantera de Arucas

Colocación de mampostería en vivienda

– **Sillar**: piedra a la que, después de trabajos de desbaste y talla, se le ha dado forma geométrica. Generalmente y debido a su tamaño, deberá ser manipulada mediante medios auxiliares.

– Entrada Realizada con sillares de piedra de San Lorenzo – Jardín Canario.

– **Ripio**: fragmentos de piedras rotas o quebradas que son utilizados para rellenos en paredes o solerías.

Casa con mampostería ripiada, y puerta piedra

– **Piedra en rama**: fragmentos de piedras rotas o quebradas que proceden de las masas no aprovechables de piedra. Son utilizados para rellenos en paredes o solerías y, después de su trituración, para la obtención de áridos de gran calidad.

3. Mampostería: ordinaria, concertada, etc...

Son aquellas fábricas que se construyen con la piedra tal y como las ofrece la naturaleza o con un desbastado irregular con herramientas rudimentarias, Tienen un volumen que, como su nombre indica, permite manipularlas con las manos por un solo operario.

Se distinguen los siguientes tipos de mampostería:

– **Mampostería ordinaria**: mampuestos sin labrar que se emplean tal como vienen de la cantera, uniéndolos mediante un mortero de cal o cemento. Deben encajarse unos con otros para dejar el menor espacio entre ellos y evitar así el uso de ripios.

muro de mampostería ordinaria

– **Mampostería concertada**: aquella en la que se retocan las caras para que sea posible darles buen asiento y trabazón sin necesidad de ripios. Se busca darles forma poligonal, lo más regular posible para favorecer el asiento en el tendel. Si se labra únicamente el paramento destinado a la cara exterior, se denominará mampostería careada.
– **Mampostería de hiladas irregulares**: formada por hiladas rústicas, colocando las piedras como vienen de la cantera o ligeramente retocadas a martillo.
– **Mampostería de hiladas de sillarejo regular o irregular**: sus juntas verticales y horizontales son perpendiculares. Las llagas de las hiladas contiguas van trabadas como mínimo 15 cm. Las regulares mantienen su altura en las hiladas, mientras que, en las irregulares, puede cambiar.

Sillar y Perpiaño

4. Sillar, perpiaño

Las fábricas de sillería o perpiaño son aquellas que están constituidas por piedras naturales labradas a las que se les da una forma geométrica, generalmente en forma de paralelepípedo.

El nombre de perpiaños es el que tradicionalmente se le ha dado en Galicia a los sillares realizados con piedras de gran dureza a los que se le da un acabado desbastado a golpe de maza o martillo o bien acabado apiconado mediante golpes con un pico. Estos se colocan unos sobre otros con una cama de mortero, quedando sostenidos entre ellos por yuxtaposición. Las medidas aproximadas podrán ir en cuanto a longitud desde 40 a 200 cm, en altura de 30 a 60 cm y su grosor podrá variar entre 14,5 y 35 cm.

– Perpiaño cortado en piedra de Ayagaure.

Los tipos de sillería son:

Sillería a hueso: sillares colocados unos sobre otros sin ningún aglutinante entre sus juntas.
Sillería con mortero: sillares colocados unos sobre otros recibidos con mortero de cal o cemento entre sus juntas.

Pared realizada con sillares de piedra de Gáldar.

Sillería aplantillada: los sillares no tienen forma prismática recta, tienen superficies planas, pero contienen caras curvas, baquetones, para formar arcos, bóvedas y curvas.

Sillería moldada o moldurada: presentan molduras en su cara principal.

Sillería almohadillada: en su cara principal, presentan rehundidos entre las juntas de profundidad y anchura uniforme.

Sillería decorada: sillares en los que aparecen motivos decorativos sobre fauna y flora, trazas geométricas o curvilíneas o motivos escultóricos.

Sillería pulimentada: sillares con sus superficies pulimentadas.

Sillería punteada: sillares que aparecen con señales de haber sido das sus superficies con el pico para su labra.

Sillería abujardada: sillares en los que aparecen las señales de haber empleado sobre sus superficies la bujarda para su labra.

Sillería apiconada: sillares de piedras duras en las que aparece un acabado mediante golpes con un pico para su labra.

Sillería desbastada: sillares de piedras duras en las que aparece un acabado mediante golpes de maza o martillo.

Sillería rústica: sillería con acabado irregular realizado intencionadamente para darle una apariencia rústica.

Sillería averrugada: sillería con acabado a relieve con formas sinuosas entrecruzadas y de corta longitud realizadas con el puntero.

5. Fábricas a una y dos caras:

Cuando se habla de fábricas a una o dos caras, se refiere al número de paramentos vistos que va a presentar. Una fábrica de piedra puede ejecutarse a una o a dos caras vistas.

Si se va a construir con dos hojas, habrá que realizar la unión entre ellas con llaves metálicas o con trabas entre ambas con la misma piedra colocada a tizón y de longitud igual al ancho del muro.

Pilar realizado con sillares de piedra

5.1. Junta amorterada, listón de piedra, metálico y otros

La colocación de piedra en obra de sillería puede ejecutarse de dos formas, con asiento a junta llena o a la torta y el asiento mediante el método de colado de juntas o con cuñas. La colocación de sillería sin mortero, es decir, a hueso, no es frecuente.

La colocación con asiento a junta llena consiste en poner la suficiente cantidad de mortero sobre la hilada inferior para que el llenado de juntas y asiento de la siguiente hilada sean correctos. Para rellenar las juntas de mortero que no hayan quedado terminadas, se podrá usar el espadón.

En colocación con cuñas, se utilizan para nivelar el sillar. Generalmente se utilizan 4 cuñas, que podrán ser de madera, bronce, hierro o aluminio. Estas tendrán 5 mm de altura aproximadamente. Una vez colocadas las cuñas, se asienta sobre estas la piedra, se nivela y se introduce el mortero con ayuda del espadón y, una vez fraguado el mortero, se retiran.

Otro proceso de ejecución de los muros es mediante listones (miras). Estos se utilizan para dar la referencia vertical y horizontal. Estos se irán colocando en el exterior sobre los zócalos o primera hilada.

6. Procesos y condiciones de ejecución. Suministro. Colocación.

En el proceso de ejecución, un paso previo es sin duda la localización y elección de una cantera que pueda suministrar la piedra idónea que se necesita en cantidad, plazo y precio de acuerdo al proyecto y al planning de ejecución. Para ello, el conocimiento de los materiales pétreos del mercado de venta, así como un alto nivel de exigencia, marcarán el éxito de la elección.

El transporte del material a la obra se realizará con camiones de la cantera, portes subcontratados o medios propios de la constructora, siendo el suministro sobre camión en obra o descargado en el lugar de acopio previsto en obra.

Sería muy beneficioso poder tener el taller de cantería en la propia obra para evitar que el material, una vez terminado, se pueda dañar en el transporte. El taller de cantería deberá tener espacio plano suficiente para poder trazar en el suelo a tamaño real partes singulares de la obra a ejecutar para utilizarlos como plantilla. Esta práctica se conoce como montea. En este trazado, el operario deberá tener en consideración las juntas de mortero, que habitualmente son de 5 mm.

Fórmula: Perímetro del arco
$$\pi \cdot r$$
π = Pi = 3,14
r = radio de la circunferencia

En el caso de la mampostería, ocurre lo contrario que en las obras de sillería: la preparación de las piedras es muy sencilla.

El almacenamiento del material en obra suele realizarse sobre una base firme en el terreno con ligera pendiente de evacuación para el agua de lluvia.

6.1. Materiales en piedra a utilizar. Tipos. Características:
Desde las primeras civilizaciones hasta hoy día, la piedra y la madera han sido desde siempre los principales componentes de sus construcciones. El hombre ha aprendido a seleccionar las mejores piedras que la naturaleza ponía su alcance para utilizarlas como materia prima. Entre la gran variedad de solo algunas son aptas para su empleo en cantería por su estructura, dureza, resistencia, cercanía a la cantera y abundancia.

Se pueden clasificar los distintos tipos de piedras en tres grupos:

* **Por su origen**: Eruptivas, sedimentarias y metamórficas.

  -Eruptivas plutónicas, como granito, sienita, diorita, gabro pórfidos.

  -Eruptivas volcánicas, como traquita, diabasa, basalto, toba y pumita.

  -Sedimentación mecánica de rocas, entre las que se incluyen areniscas, conglomerados y brechas.

-Sedimentación química de rocas, entre las que se incluyen calizas, dolomitas y margas.

-Rocas de origen metamórfico, como mármol, pizarra y cuarcita.

* **Por su tamaño y forma**:

– **Bloque**: piedra de grandes dimensiones, tal y como se extrae de la cantera. bloque de piedra en bruto. Cantera de Arucas

– **Sillar**: piedra que no es manejable a mano por un solo operario y deberá ser manipulada mediante medios auxiliares. Tendrá forma geométrica.

–**Mampuesto y sillarejo**: piedras de pequeña dimensión que pueden ser manejadas por un solo operario. El mampuesto tendrá forma irregular o en bruto, también se le conoce por el nombre de canto si se encuentra redondeado por la acción de la erosión. El sillarejo tendrá forma geométrica.

–**Laja**: sillar o mampuesto de poco espesor y gran superficie que podrá ser manejado por un solo operario.

–**Ripio**: fragmentos de piedras rotas o quebradas de pequeña dimensión que son utilizadas para rellenos en paredes o solerías.

* **Por su dureza**:

– **Piedra blanda**: ejemplo de piedra caliza blanda es la toba, que puede cortarse con sierra de dientes los primeros días después de extraídos los bloques de la cantera.

– **Piedra semidura**: ejemplo son algunas calizas que necesitan para ser cortadas el uso de sierra de alambre de acero con abrasivo de arena de sílice.

– **Piedra dura**: ejemplo son algunas calizas, como el mármol, que necesitan para ser cortadas el uso de sierra de lámina y polvo de esmeril.

– **Piedra muy dura**: ejemplo son algunas silíceas, como pórfidos y granitos, que necesitan para ser cortadas el uso de sierra de disco de diamante o de carborundo.
Las características de las piedras más frecuentemente empleadas en cantería son:

– **Granito**: Sus principales componentes son cuarzo, feldespato y mica en proporciones aproximadas de 35% cuarzo, 40% feldespato y 25% mica, siendo de mayor dureza las que tienen más cuarzo y menor cantidad de mica. Son rocas cristalinas, inatacables por los gases, sulfatos y carburos.
Dureza media 6.5 en la escala de Mohs, densidad 2.7-3, peso 2.700-3.000 kg por cada mg, resistencia a compresión 800-2700 kg/cm2, resistencia a flexión 400 kg/cm2 y resistencia a tracción 180 kg/cm2

Arenisca: rocas compuestas por arenas de cuarzo formadas por destrucción de rocas preexistentes debido a una continua erosión, que por la sedimentación en sucesivos estratos y soportando presiones y altas temperaturas dan origen a diversos tipos según la profundidad y el componente aglutinante, como carbonato cálcico solo o junto al magnesio, óxido de hierro, arcilla, etc. Estos le confieren los distintos colores blancos, amarillos, ocres, marrones, rojos, verdes, etc.

Roca – Arenisca

– **Calizas**: rocas compuestas por carbonato cálcico por acumulación de conchas y esqueletos calcáreos de seres acuáticos. En su extracción, son piedras blandas que se endurecen en pocos días con la exposición al aire. Tienen una densidad de 2 y una resistencia a compresión 100-300 kg/cm. Además de su empleo como rocas para la ejecución de muros, se obtiene de ellas la cal.

Elementos constructivos

7. Elementos constructivos en piedra natural.

La versatilidad de la piedra hace que se pueda utilizar como elemento estructural con capacidad portante, cubrición, muros, revestimiento de fachadas, pudiendo con ella dar solución a los huecos que sobre sus paramentos sean necesarios para hacer los espacios habitables. Además, la piedra posee grandes ventajas, como su durabilidad, fácil mantenimiento, buen aislante térmico y acústico e ignífugo.

A continuación, se enumeran los distintos tipos de elementos constructivos en piedra natural:

–**Muros**: elementos constructivos verticales que cumplen dos funciones principales: transmitir las cargas de los 'elementos de cubrición hacía los cimientos y crear espacios habitables. Según el tipo de piedra, se clasifican en sillares y mampuestos.

–**Dinteles**: mediante un sillar o un conjunto de sillares o sillarejos, permiten salvar un espacio no muy grande mediante una disposición sencilla, pudiendo clasificarse según se emplee una sola piedra, denominándose monolítico, o varias, denominándose abovedado.

– Reparación de dintel de puerta de cantería – La Goleta – Arucas.

–**Pilares o columnas**: elementos constructivos verticales cuya función es transmitir las cargas de los elementos de cubrición hacia los cimientos.

Iglesia de Arucas en construcción, columnas de piedra

La clasificación genérica según los órdenes arquitectónicos clásicos es:

Dórico – Jónico – Corintio – Toscano – Compuesto.

Según el tipo de fuste:

– Columna lisa.

– Columna estriada o acanalada.

– Columna fasciculada.

– Columna agrupada.

– Columna salomónica.

– Columna románica.

Arcos: conjunto de sillares o sillarejos que permiten salvar un espacio más o menos grande mediante una disposición en curva.

– Arco de medio punto, utilizado para sustentar acueducto – Visto desde Jardín Canario.

Bóvedas: estructuras que sirven para cubrir espacios limitados por muros, en una disposición de elementos que permiten contener las presiones entre ellos y soportar las cargas a las que estén sometidos.

Cúpulas: estructuras que sirven para cubrir espacios de planta circular poligonal o cuadrada. Son bóvedas de revolución semiesférica, semielípticas o formadas por una serie de arranques de arcos que cortan al eje en su vértice.

– Cúpula de la Iglesia de Arucas.

8. Tipos de fábricas de piedra:

Existe gran variedad de disposición y trabazón de las piedras en la ejecución de los muros. La clasificación de los aparejos viene dada por cómo disponen las piedras y por el material de agarre que se utilice.

Se clasifican en:

Mampostería: fábricas ejecutadas con piedras sin labrar, con forma irregular, tal y como se extraen de la cantera:

– En seco.

– A hueso.

– Con mortero.

– De cal y canto.

Sillería: fábricas ejecutadas con piedras labradas o apisonadas de forma geométrica.
– **A hueso**. – Con mortero. – Recta. – Aplantillada.
– Moldada. – Almohadillada. – Decorada.

– Pulimentada. – Punteada. – Uñeteada. – Abujardada.

– Apiconada. – Rústica. – Desbastada. – Averrugada.

Pared de sillares de cantería

8.1. Proceso general de colocación de mampostería, sillería y perpiaño. Principales actividades.

Secuencia:
El proceso de construcción de muro de mampostería, sillería o perpiaño debe estar supervisado continuamente en cuanto a su correcta ubicación, dimensión, en la verticalidad de sus paramentos, en sus espesores y en la calidad de sus componentes, como la piedra y el mortero si lo llevase. Todo esto permitirá que el proceso de colocación sea correcto y el resultado un muro de estructura sólida, estable y estético.

Para ello, se observará el siguiente orden de actividades:

– **Replanteo del muro:** para realizarlo, se necesitará disponer de las siguientes herramientas: reglas, nivel, plomada, escuadra, cuerdas, cinta métrica, metro, lápiz y martillo.
– Tomar medidas sobre el terreno, clavar las camillas y colocar la tirantez para fijar los ejes de cimientos.

– Marcar con yeso o con añil los ejes del muro.

– Marcar, después de medir sobre los ejes, la anchura de la cimentación del muro.

• Excavación y cimientos:

– Realizar la excavación y preparar el cimiento.

– Colocar los mampuestos o sillares que sirven de base enterrados entre 20 o 25 cm bajo el nivel del terreno. Esta primera hilada se denomina losa de erección.

* Elaboración del mortero: para la ejecución de muros de piedra natural en los que se emplee mortero, el más habitual es el bastardo o hormigón.

* Replanteo para levantamiento: en sillares, sobre la losa de erección, se replantean las juntas, los encuentros con otros muros para su traba, los huecos, y se ponen sillares extremos. Entre ellos, se coloca la tirantez, que servirá de guía para la colocación de los sillares en cada hilada.

* Levantamiento del muro: para realizarlo, se necesita disponer de las siguientes herramientas: regla, nivel, escuadra, cuerdas, metro, lápiz, martillo, maceta, cincel, pico, cubos, marrón, etc...

– Mojar la piedra para evitar que absorba humedad del mortero.

– Colocar el mortero sobre la hilada inferior.

– Colocar las piedras. Los sillares se asentarán sobre cuñas de madera, que se retirarán una vez perfectamente colocados.

– Asentarlos golpeándolos con un martillo.

– Comprobar su aplomo y alineación.

– Retirar el material sobrante.

– En caso de mampuestos, acuñarlos y/o rellenar el interior con ripio y mortero.

8.2. Sistemas de colocación de piezas en espesores gruesos.
Colocación a hueso o en seco, sistemas por adherencia (morteros y resinas) y sistemas de anclaje, tipologías disposición y colocación:

Para colocar las piezas según esté previsto, se suele emplear un material aglutinante, como el mortero, que las une, o pueden unirse las piezas sin mortero, denominándose sillar a hueso o mampostería en seco.

8.3. Colocación a hueso o en seco:
Para el caso de sillares a hueso, se colocan las piezas sobre las cuñas de madera sin asiento de mortero. Se tapan con yeso las juntas, excepto las superiores, por las que se inyectará la lechada de mortero para su llenado. Una vez endurecido el mortero, se retiran el yeso y las cuñas.

Cuando se trata de una mampostería en seco, las piezas se asientan sobre ripios, broza o barro.

8.4. Sistemas por adherencia: morteros y resinas:
El mortero o conglomerante es un material capaz de unir distintas piezas de construcción interponiéndose entre ellas y actuando como adherente o pegamento, dando una cohesión al conjunto mediante transformaciones químicas internas que hacen que pase del fraguado al endurecido a mayor o menor velocidad según el tipo y en contacto con el aire (aéreo) o bajo el agua (hidráulicas).

Las resinas son adhesivos naturales o sintéticos que fijan o unen distintas piezas de construcción interponiéndose entre ellas por contacto superficial, actuando como un pegamento.

8.5. Sistemas de anclaje. Tipología, disposición y colocación
Se colocan en zonas de mayores cargas y en revestimientos y, según el tipo, la disposición en la obra y su colocación, se pueden clasificar en:

* Enlaces entre sillares de misma hilada:

– Tochos. – Toledana. – Horquillas.

– Grapas de hierro galvanizado, cobre, latón o bronce.

* Anclajes de sujeción para su manipulación:

– Tijeras, tenazas, cuñas diablos o castañuelas.

Agarre y asiento

9. Componentes, mezclas de agarre y asiento

Se llama mortero al conglomerado formado por un aglomerante, arena y agua. Según el tipo de fábrica, se emplearán la cal, el cemento o ambos como aglomerante, obteniendo el mortero a la cal, mortero de cemento o mortero mixto o bastardo.

9.1. Trabazón, llaves, encuentros, puntos singulares, remates:
Para la unión entre los elementos de un muro de piedra de sillería, se puede recurrir a distintos medios de sujeción:

Trabazón: mediante formas especiales en la testa de los sillares continuados se consigue un encadenado, ejemplo de esto son los dentados o los machihembrados.

Llaves: estas se colocan en zonas donde el muro debe soportar mayores cargas. Por un lado, están las que se realizan con elementos metálicos entre sillares de misma hilada mediante tochos por otro lado.

Encuentros: zona común entre dos muros que tienen direcciones distintas y se encuentran. Para conseguir que queden bien trabados los aparejos de los muros.

9.2. Máquinas, herramientas, operaciones de limpieza y almacenamiento.
Antes de comenzar la construcción de un muro, hay que estudiar la forma en que se va a ejecutarlo, es decir, con qué medios humanos, mecánicos, herramientas y equipos se va a contar. Para ello, se debe estudiar la manera de equilibrar el tiempo según un planning, el coste acorde al presupuesto de ejecución material y la seguridad en la ejecución según el plan de (PRL) para la obra.

9.3. Selección:
Una vez que se cuenta con los datos de partida de la obra, para tomar una decisión acertada hay que identificar y valorar los factores de ella que van a influir en la selección de maquinaria, equipos y herramientas a emplear. Estos factores son el tipo de muro, que establecerá el peso, la dimensión y la forma de las piezas a manipular, el volumen de la partida, que establece la cantidad de m2 que hay que ejecutar en el tiempo previsto, la accesibilidad en obra y al tajo de máquinas, equipos o herramientas cuando exista diferencia de cota entre la zona de operaciones y el muro a ejecutar, pues debe haber espacio suficiente para maniobrar y que la naturaleza del firme sea estable en la zona de operaciones.

Los equipos a seleccionar podrán ser equipos mecánicos o manuales. Si son mecánicos, deberán instalarse en las máquinas para la colocación de las piedras y medios auxiliares. Podrán ser:

* **Equipos**:
  – Bivalva (mecánicas) – Pulpos (mecánicos) – Pinzas (mecánicas y manuales)

  – Tenazas (mecánicas y manuales) – Cuñas, diablos o castañuelas.

* Medios auxiliares:

– Andamios. – Castilletes. – Cimbras.

Herramientas:
– Maceta: Se utiliza para partir piedra con una sola mano.

Maceta o martillo pedrero 0,5kg

– Mandarria: Para partir piedra peso 5kg.

– Escuadra: Útil para comprobar ángulos de 90 grados

– Barra: desplazamientos de ajuste de piedras, peso 25kg.

– Martillo de desbaste: utilizado solo para mampostería.

– Leva: desplazamientos y ajuste de piedras de gran tamaño peso 80kg.

– Plomada: comprobación de verticalidad de la piedra.

– Nivel de burbuja: comprobación de horizontalidad y verticalidad.

– Cinta métrica – (metro): comprobación y toma de medidas.

– Escoda: para labrar la piedra.

Escoda herramienta con forma de hacha, que se utiliza para escodar y pasar la piedra

- Compás de vara: para realizar curvas o trasladar medidas.

- Pico: para el desbaste de piedras o abrir cuñeros.

- Espadón: ajuste en colocación de sillares.

- Martillina o bujarda: para dar una terminación de abujardado al paramento.

- Trinchante: solo para piedras blandas, para abujadar o labrar.

- Cuñas: para cortar piedras.

cuñas de acero para partir piedras

- Gradina: para abujardar piedras pequeñas.

- Escoplos: para cortar o labrar piedras usando también la maceta.

– Sierra de trocear: para cortar piedras blandas.

9.4. Preparación
Para que una producción funcione eficientemente, se debe disponer de las máquinas y los equipos preparados y ajustados para la tarea antes y después del momento en que sean requeridos para no detener el proceso de ejecución.

9.5. Manejo
Debido a su manejo habitual, pueden parecer poco peligrosas, sin embargo, pueden provocar ocasionalmente heridas leves, graves o muy graves. La causa suele ser de diversa naturaleza, pero las más habituales son:

9.6. Operaciones de mantenimiento. Manuales de instrucciones
La función principal de estas operaciones es la de prevenir accidentes y lesiones en el trabajador, así como mantener las máquinas, los equipos y las herramientas en buenas condiciones.

Los objetivos principales de las tareas de mantenimiento son: Evitar, reducir o reparar los posibles fallos que pudiesen aparecer. Disminuir su gravedad si no se llegan a evitar.

9.7. Operaciones de limpieza y almacenamiento
En cuanto a la limpieza, por medidas tanto organizativas y medioambientales como de seguridad, la obra debe estar ordenada y limpia de escombros para agilizar los trabajos y evitar riesgos de accidentes laborales, así como previstos los procedimientos de recogida de materiales reciclables.

10. Operaciones de fin de jornada

Son aquellas que se realizan, durante el tiempo que persiste la ejecución, de forma repetitiva y automática al final de la jornada laboral.

La finalidad de estas operaciones es:

– Organizar el trabajo para hacerlo más efectivo.

– Preparar los tajos para el día siguiente.

– Limpieza del área de trabajo.

– Guardar los elementos de valor que quedarán en la obra.

10.1. Materiales en piedra recibidos en obra: identificación, comprobaciones, manipulación, transporte y almacenamiento en obra
Identificación:

En obras de mampostería, la piedra empleada para la construcción es más sencilla de identificar que en obras de sillería, ya que estas, debido a su mayor complejidad en las construcciones, se identifican y especifican según las distintas funciones que pueden llegar a cumplir en el conjunto de la obra, Las definiciones por unidad de obra son las siguientes:

* **Puertas**: – Dintel (con o sin derrame) – Jambas (con o sin derrame) – Umbral.
* **Ventanas**: – Dintel. (con o sin derrame) – Alféizar o vierteaguas.
* **Remates de pretil**: – Albardillas.
* **Voladizos**: – Ménsulas.

* **Arcos**: – Imposta (base). – Salmer o sillar de arranque. – Riñones. – Contraclave. – Clave.

* **Pilares**: – Pedestal: Basa. -Columna: Fuste. Capitel. -Entablamento: Arquitrabe. . Friso. . Cornisa.

10.2. Comprobaciones:

En la recepción de la piedra en obra, que vendrá desde la cantera en el caso de las obras de mampostería o del taller de labra en el caso de obra de sillería es necesario comprobar, preferiblemente antes de la descarga o una vez descargado, que el material corresponde con lo pedido.

10.3. Manipulación. Transporte. Almacenamiento:

Desde que el material entra en obra hasta que es colocado en su lugar definitivo en la construcción, va a tener que soportar desplazamientos en mayor o menor medida según sean las características de la obra.

Para no dañar las características de la piedra en estos desplazamientos, hay que organizarlos de manera que sean los menos posibles y que su manipulación sea la correcta.

Deberán almacenarse en el lugar de acopio previsto a tal fin, según la organización de la obra. Este lugar deberá estar ordenado, limpio y en buen estado para evitar que se produzcan fragmentaciones.

Piedra de Gáldar cortada y paletizada

10.4. Utilización de medios auxiliares en fábricas: sistemas de elevación, andamios y arriostramientos:

En la evolución de la construcción a lo largo de la historia, los medios auxiliares han tenido gran influencia. En los últimos 100 años, la mejora continua ha sido espectacular, sobre todo en sus facetas de seguridad, capacidad y rendimientos. Entre los medios auxiliares más representativos, están los sistemas de elevación y suspensión, los andamios y puntales y los arriostramientos provisionales.

10.5. Sistemas de elevación y suspensión: grúas, eslingas, cuñas, etc.

Para el izado de las piedras en obra y con el fin de que no se deterioren, habrá que manipularlas en la postura adecuada según la normativa de seguridad y Prevención de Riesgos Laborales. En la actualidad, existen muchos tipos de sistemas de elevación y cada una se adaptará mejor a la tipología de cada obra.

Grúas

Dentro de los distintos tipos, se pueden destacar las grúas fijas (grúa torre, grúa desplegable o trepantes y montacargas o winche) y las grúas móviles sobre camión u orugas sobre cadenas.

– Grúa descargando piedra en el taller de labrArte.

Eslingas o cinchas

Es una herramienta que permite sujetar la carga con seguridad a la grúa. Soporta los esfuerzos de tracción, transmitiendo la carga al gancho de la grúa. La eslinga podrá estar hecha de acero o de material sintético y tendrá un ancho y una longitud específicos según características y fabricante.

Tijeras, tenazas, cuñas o castañuelas

10.6. Andamios:
Son estructuras provisionales metálicas que disponen de plataformas de trabajo para los operarios, siendo adaptables en altura y forma, utilizándose en obra como elemento auxiliar para la ejecución o reparación en aquellas zonas que no son fácilmente accesibles. Los tipos de andamios más habituales en las obras de fábrica de piedra natural son los andamios de fachada, los móviles, las borriquetas y los andamios colgados.

10.7. Apuntalamientos, arriostramientos provisionales.
Los apuntalamientos son aquellos medios auxiliares formados por puntales, que buscan apoyar, consolidar, sostener y reforzar alguna parte de la construcción que se necesite estabilizar estructuralmente.

Los arriostramientos tienen como fin principal dar mayor estabilidad a las estructuras. Hay varios tipos, que se clasifican según la función que cumplen:

Apuntalamiento, forjado, columnas de hormigón, obra.

Lateral: estabiliza una estructura que está sometida a esfuerzos laterales Diagonal: estabiliza un marco o pórtico. Se conoce habitualmente como cruz de San Andrés.

De montaje: su utilidad es provisional mientras se realiza el montaje. En K: variante de la diagonal en la que se incorpora un arriostramiento a una barra central vertical entre las diagonales.

En ángulo: arriostramiento entre un elemento vertical y otro horizontal.

11. Procesos y condiciones de calidad; defectos, causas y soluciones:

La única forma que hay para obtener un resultado satisfactorio en la ejecución de una fábrica de piedra natural es llevar a cabo un control de calidad acorde con las exigencias que tuviera. Para ello, se deben realizar las comprobaciones pertinentes y conocer los defectos más habituales en las fábricas, sus causas y sus posibles soluciones.

11.1. Comprobaciones.

Para un correcto control, hay que verificar los trabajos de replanteo, comprobar la materia prima es correcta, que el proceso ejecución cumple con características proyectadas y que los medios auxiliares y los operarios son los adecuados.

El control a realizar a la piedra, para comprobar que es de buena calidad, debe cumplir positivamente las siguientes características:

– Apariencia: textura adecuada y compacta. Los colores claros son más adecuados, pues son más durables.

– Estructura: la textura debe estar libre de cavidades, fisuras y sin material blando. Los estratos no deben ser visibles a la vista.

– Resistencia: la piedra debe ser fuerte y durable. La resistencia a compresión de las piedras suele oscilar entre 60 y 200 N/mm2

– Peso: indicador de la densidad y porosidad de la piedra. Si lo que se busca es una piedra para cubrición, interesará una de poco peso. En cambio, si se requiere resistencia, cuanta más densidad, mejor.

– Dureza: característica muy importante, principalmente en solerías. Se determina mediante la escala de Mohs.

– Tenacidad: resistencia al impacto de la piedra.

– Porosidad y absorción: para la construcción de muros, esta característica es muy negativa, pues, al absorber agua, puede fracturarse por congelación y posteriormente desintegrarse.

11.2. Principales defectos e irregularidades.

Aparecen por diversas causas, entre las que se encuentran el envejecimiento.

Se puede hacer una clasificación según el origen del defecto:

– Mala ejecución de la construcción, ya sea por defecto de forma, cimentación deficiente, falta de verticalidad, deficiente aparejo, mortero de agarre insuficiente.

– Inherentes a las piedras: aparece como consecuencia de los diferentes estratos en su formación, de fisuras diminutas.

– Debidos a la experiencia del cantero y al uso de explosivos: se pueden causar grietas en la extracción. La humedad que la piedra tiene en la cantera en la extracción va disminuyendo, endureciendo a medida que disminuye la humedad.

– Dependiendo de los planos de estratificación: las posiciones de la piedra en obra podrán ser adecuadas, por ejemplo, perpendiculares a la dirección del esfuerzo, o inadecuada, colocándose paralelas a la dirección del esfuerzo.

11.3. Causas.
Las principales causas que deterioran la piedra y reducen su durabilidad son:

– Lluvia: afecta físicamente mediante la erosión, el transporte y la sedimentación y químicamente mediante la oxidación e hidratación de minerales componentes de la piedra.

– Heladas: el agua interna o la que se introduce en las fisuras, al helarse, puede producir fragmentación y rotura.

– Viento: al arrastrar partículas sólidas y chocar contra las piedras, produce abrasión en ellas.

– Variación térmica: en piedras compuestas de distintos minerales, la diferente densidad provoca tensiones internas con los cambios de temperatura que pueden deteriorarlas.

– Vegetales: la humedad, junto a elementos orgánicos o inorgánicos, puede generar procesos bacteriológicos de descomposición.

– Líquenes: protegen a las piedras, excepto a la caliza, que la destruyen.

– Agentes químicos: las piedras pueden ser deterioradas por hongos ácidos de la atmósfera.

Sistemas de representación

1. Introducción:

En un proyecto técnico, se materializa el resultado de lo que se desea ejecutar. Una vez planteado, desarrollado y resuelto el proyecto, el arquitecto o ingeniero debe transmitir las ideas, soluciones y estructurar los documentos.

El proyecto lo forma un conjunto de escritos, cálculos y dibujos elaborados para prever cómo va a ser y lo que va a costar una obra de arquitectura o de ingeniería civil. La correcta interpretación del proyecto por parte de todos los agentes implicados en la obra es fundamental para que esta se ejecute según el proyecto.

2. Proyectos: documentación:

Comienza con las conversaciones entre el propietario y el autor del proyecto. A continuación, el autor elabora un borrador, al que le siguen un anteproyecto, el proyecto básico y por fin el proyecto de ejecución.

La documentación que como mínimo tendrá un proyecto está formada por:

-Memoria: documentación que describe el proyecto desde su origen y objeto hasta las necesidades a satisfacer y factores que se han tenido en cuenta.

-Planos: representación gráfica del proyecto, tanto en su conjunto como en su detalle, lo definen completamente en su aspecto constructivo.

-Pliego de condiciones técnicas particulares: describe los elementos materiales que integran la obra y regula su ejecución.

-Presupuesto de ejecución material: señala los costes de la obra expresando los precios de venta, precios descompuestos, mediciones y cubicaciones.

-Programación o planificación de los trabajos: tendrá un carácter indicativo y podrán aparecer los tiempos y los costes.

3. Sistemas de representación: diédrico y perspectivas:

Un muro de mampostería, sillería y perpiaño, como para cualquier otra parte de una obra, necesita para su correcta ejecución de una representación gráfica realizada con los planos necesarios, para lograr mediante ellos su reproducción en la obra.

3.1. Diédrico.

Para dibujar un objeto o cuerpo sólido en representación diédrica, se sitúa en el espacio limitado por tres planos perpendiculares entre sí, formando un triedro trirectángulo. Explicándolo de forma más sencilla, imagínese un objeto en una esquina del interior de una habitación, siendo las dos paredes y el suelo los tres planos de referencia.

La proyección del cuerpo sólido vista desde arriba se denomina planta. La proyección de la parte del sólido que se tiene en frente se denomina alzado y si por necesidad de tener más información para comprender el sólido, hiciese falta una proyección de una cara lateral, esta se denominará perfil (en el sistema diédrico europeo esta proyección queda a la izquierda).

3.2. Perspectiva.

Generalmente, el dibujo en perspectiva se comprende más fácilmente que cualquier otra representación gráfica, ya que representa la realidad en sus tres dimensiones espaciales tal como el ojo humano percibe el objeto.

Las perspectivas son representaciones de objetos tridimensionales sobre un soporte (papel, pantalla de ordenador, lienzo, etc.), en que las rectas del objeto que son paralelas en la realidad en la representación convergen mediante líneas de profundidad a unos puntos denominados puntos de fuga, creando una sensación de profundidad y volumen.

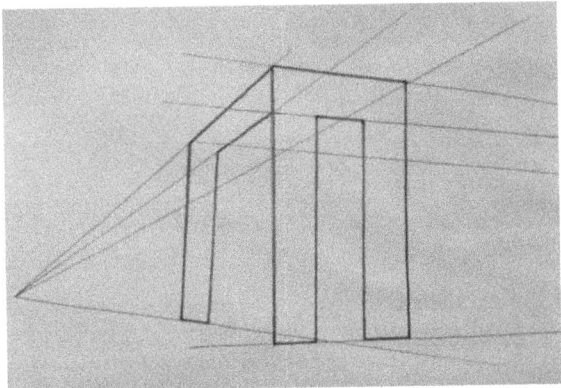

Vista en Perspectiva

3.3. Escalas

Cuando un dibujo tiene las mismas dimensiones del objeto que representa, se dirá que la representación es a tamaño natural, pero esto no es lo habitual, la mayoría de los objetos no es posible representarlos en formato papel o pantalla de ordenador a tamaño natural, bien por ser demasiado grandes o demasiado pequeños. La escala es la relación constante que hay entre las medidas del dibujo respecto a la medida del objeto real, es un recurso que permite reducir o ampliar proporcionalmente cada una de las dimensiones del objeto para poderlo representar.

3.4. Interpretación de croquis y planos: de despiece, de montaje, etc.

Dentro de los distintos tipos de croquis y planos, los que van a aportar mayor información en la ejecución del muro de piedra serán el de despiece y el de montaje. Los planos de despiece se utilizan para poder representar de forma más concreta objetos fuera de su conjunto con las observaciones, acotaciones y con la simbología necesaria para poderlos definir claramente. Así mismo, los croquis o planos de montaje son aquellos que, además de ser la guía de referencia en el montaje de la obra, tienen como fin transmitir la idea del orden a seguir en la ejecución.

Los croquis y los planos son representaciones gráficas, en el caso de los croquis, se hacen a mano alzada y, en los planos, se auxilian de instrumentos de delineación. En ellos, aparecen indicaciones gráficas de dimensiones que definen las piezas. Para su correcta interpretación, hay que saber distinguir y valorar las líneas y medidas que aparecen en ellos. Lo que realmente tiene importancia en un croquis o plano no es la representación del dibujo, sino las medidas que aparecen, es decir, las cotas.

Existen diversos símbolos que preceden al valor numérico sobre las líneas de cota:

número: cota del lado del cuadrado.   Ø número: cota del diámetro.   R número: cota del radio.

3.5. Interpretación de documentación técnica escrita.

Antes de comenzar la ejecución de una obra, se debe examinar exhaustivamente la documentación técnica del proyecto en todos sus puntos para tener clara la información que incluye, pues contiene todo lo útil y necesario para entender el proyecto que se pretende ejecutar. Los documentos técnicos escritos en un proyecto de ejecución material son:

* Memoria: documentación formada por la memoria descriptiva y por los anejos, que describe el proyecto desde su origen y objeto hasta las necesidades a satisfacer y factores que se han tenido en cuenta.

* Pliego de condiciones técnicas particulares: describen los elementos materiales que integran la obra y regulan su ejecución.

* Presupuesto de ejecución material: refleja el coste del proyecto, la inversión necesaria para ejecutarlos.

* Estudio de Seguridad y Salud: describe las normas de seguridad y salud de la obra.

3.6. Interpretación de normas y pliegos de prescripciones particulares:

El pliego de prescripciones es un documento contractual entre el propietario y el constructor que recoge las exigencias de índole técnica y legal para la ejecución del proyecto sin dejar de contemplar cualquier detalle que pudiese surgir en el proceso de la obra, estableciéndose condiciones o cláusulas. Este documento no debe contradecir ninguna norma, ya sea local, nacional o europea.

3.7. Características de las piezas, puntos singulares, remates y encuentros, de recursos materiales, etc...

Conocer las distintas características y cualidades de los materiales a emplear va a permitir contar con los materiales de mejor calidad, es decir, tener los materiales que cumplen los requisitos que se esperan. Para esto, se debe conocer el lenguaje técnico del sector laboral de la construcción, que hace falta para saber interpretar las fichas de características técnicas de los productos que ofrece el mercado para poder distinguir entre la variedad de materiales parecidos.

Características y croquis

4. Características de las piezas de piedra.

Las características de las piezas de piedra natural son su morfología, su resistencia característica a compresión, a flexión, a desgaste, a impactos, a cambios térmicos, a heladas, a la contaminación ambiental, a esfuerzos puntuales transmitidos por los anclajes metálicos que tenga embutidos, su aspecto, etc. Para conocer como es (composición, resistencia, estructura, densidad), hay que descubrir su naturaleza y para ello, es necesaria la realización de ensayos de características.

Alumnos del curso colocación de piedra, partiendo piedras con el marrón y cuñas para la realización de caras, para su posterior colocación y realización de muros de mampostería.

4.1. Características del soporte

Para que un muro esté firme y estable, debe estar soportado por una base o cimiento, que quedará entre el muro y el terreno, dimensionada y acorde al muro que debe soportar y a las solicitaciones estructurales a que este esté sometido, pues la función del soporte será transmitir estas cargas, más el peso propio del muro, al terreno.

El primer paso será la realización de un estudio mediante un ensayo geotécnico del terreno, para conocer sus características y poder decidir el tipo de cimentación a realizar. Dependiendo de la profundidad a que se encuentre el firme, del tipo de estratos homogéneos, de las posibles infiltraciones de acuíferos, de su naturaleza, etc., se proyectará el soporte o la cimentación adecuada.

4.2. Puntos singulares, remates y encuentros.

Un ejemplo de punto singular puede considerarse una gárgola en la parte superior de una muralla de sillares en un castillo. Debe dársele la pendiente necesaria hacia afuera para que evacue el agua, con una longitud suficiente para que el chorreo del agua al salir de la gárgola no salpique sobre el muro, creándole humedades, manchas y futuras vegetaciones, y con un diámetro calculado considerando el nivel pluviométrico de la zona y la superficie que tiene que evacuar.

4.3. Identificación de posibles omisiones, indefiniciones, errores, medidas no concordantes, etc...

El origen de los problemas que presentan algunos proyectos es el tiempo limitado entre su elaboración y puesta en ejecución, es decir, la prisa.

No todas las deficiencias del proyecto tienen la misma naturaleza, por lo que conocer su causa es importante para poder evitarlas. Un posible error en el diseño de los proyectos es que en él no se haya plasmado la idea del promotor por falta de entendimiento.

5. Realización de croquis

Su realización parte de una idea inicial o imagen mental que se puede representar mediante un boceto o apunte con poca definición, con ausencia de detalles y medidas. A partir de aquí, el croquis representará gráficamente la idea que transmite el boceto, pero con los detalles, medidas, referencias y anotaciones necesarias para que cualquier técnico pueda interpretarlas.

Para que un croquis de un elemento constructivo pueda ser fácilmente interpretado, debe tener los siguientes datos:

– Acotación de dimensiones generales.

– Detallar mediante un despiece aquellas partes que tengan gran cantidad de datos.

– Materiales de los elementos componentes.

– Sistema de uniones entre los distintos materiales.

– Función que cumple cada pieza.

– Orden de ejecución.

– Cómo funciona cada elemento constructivo en el conjunto.

5.1. Realización de plantillas:
La realización de las plantillas es necesaria para poder trazar la forma de la moldura que se quiere obtener sobre la piedra y labrarla y, así, repitiendo la operación poder obtener el número de piedras labradas necesarias con la misma moldura para que el encaje entre ellas sea perfecto.

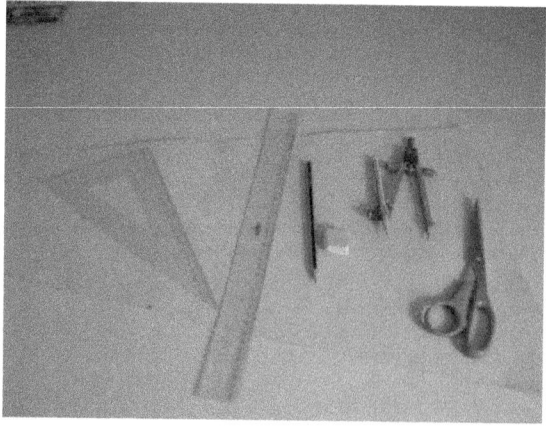

Útiles y herramientas para realizar plantilla

Se necesitarán como herramientas de dibujo lápiz, regla, escuadra, compas, punta de trazar, tijeras de cortar chapa y metro. Como materiales, se necesitará papel o papel cartón, donde se hace el dibujo, y una superficie rígida y maleable a la vez, como la chapa de cinc o de aluminio, para pasar el dibujo del papel a la chapa.

El procedimiento de realización de la plantilla es:

– Antes de realizar el dibujo sobre el papel cartón, hay que analizarlo, estudiar su escala y acotar las trazas rectas y curvas pasándolas a centímetros.

– Trazar el dibujo con todas sus líneas horizontales verticales y curvas, a escala real 1:1, sobre cartón o chapa.

– Cortar el cartón o la chapa sobre los trazos marcados.

– El siguiente paso será poner la plantilla sobre la piedra y trazarla para que sirva de la referencia en la labra de la moldura.

5.2. Manejo de útiles de dibujo:
El dibujo técnico es la forma gráfica de expresar y comunicar los volúmenes de las construcciones que se pretenden ejecutar en la obra.

Los útiles necesarios para realizar un dibujo técnico pueden ser útiles informáticos, cuyas herramientas son los ordenadores, las impresoras y los programas de representación gráfica en dos o tres dimensiones, como por ejemplo AutoCAD, etc., o los útiles tradicionales de dibujo directo sobre el soporte papel, cuyos materiales de trazado son el lápiz o la tinta, cuyo soporte suele ser el papel y cuyas herramientas son de medida y de trazado.

Replanteo planimétrico y altimétrico

1. Introducción:

En toda obra, es necesario hacer los replanteos y las comprobaciones necesarias para el comienzo o el control de la ejecución que se va realizando, afianzando los datos que se obtienen y tomando decisiones rápidas para garantizar la calidad de la construcción, evitando que se retrase el ritmo de la obra. Es importante tomarse el tiempo necesario para realizar estas tareas de replanteo y comprobación de dimensiones de los muros.

2. Replanteo planimétrico y altimétrico (planta y alzado).

Antes de comenzar la ejecución del muro, se debe hacer el replanteo tanto en planta como en alzado. Esto sirve de guía para comenzar en la posición correcta y para, en el proceso de ejecución, poder comprobar que se está ejecutando dentro de los volúmenes proyectados y con el cuidado adecuado para que las posibles desviaciones queden dentro de las tolerancias admisibles.

El replanteo planimétrico del muro se realiza trazando sobre la base las alineaciones mediante tiranteces que están sujetas a las camillas, que se colocarán a la distancia suficiente para que su ubicación no estorbe a la excavación de los cimientos. Estas tiranteces podrán marcar los planos de alzado del muro o el eje en planta.

El replanteo altimétrico se realizará una vez ejecutado el soporte, colocando en las esquinas del trazado en planta de la primera hilada una regla o mira perfectamente recta y con marcas escantilladas de las alturas de las siguientes hiladas o antepechos cuando correspondan. Sobre estas marcas de las hiladas entre miras, se tenderán tiranteces o cordeles que se irán subiendo en altura conforme se vaya avanzando en la labra, para asegurar que las hiladas queden horizontales.

2.1. Instrumentos y útiles de replanteo. Sección. Manejo:
Para que un muro de mampostería, sillería y perpiaño, como para cualquier otra parte de una obra, se ejecute ajustándose a las formas y medidas según se indique en el proyecto, necesita que el oficial que realiza el labrado se guíe en el proceso de construcción de replanteos, comprobaciones continuas y controles para asegurar su correcta ejecución.

2.2. Sección.
Para poder obtener los datos necesarios para preparar el replanteo, ya sea planimétrico o altimétrico, de un muro o para comprobar el proceso de ejecución, se necesita un dibujo de detalle en sección horizontal o vertical.

Cuando el plano corresponde a una sección horizontal, es decir una sección en planta, por lo general esta se hace a 1 m de la solería o bien a la altura de los huecos en fachada para obtener información sobre el ancho de los huecos y posibles cambios de espesor.

Cuando la sección es vertical, se suelen utilizar para los replanteos o comprobaciones aquellos planos con secciones que estén realizadas cortando huecos de fachada y que incluyan cambios de espesores por molduras o cornisas, alféizares, buscando siempre que den la mayor información.

2.3. Manejo.
Se necesitan una serie de instrumentos o útiles de medida para llevar a cabo los replanteos, así como las comprobaciones de medida durante la ejecución.

Los distintos útiles que se pueden emplear son:

– Metro o flexómetro: cinta metálica precisa que suele comercializarse en medidas de 2, 3, 5 u 8 m.

– Cinta métrica de fibra: cinta de tela o fibra para medir distancias que no requieran gran precisión, que suele comercializarse en medidas de 10, 20, 25, 30 50 m.

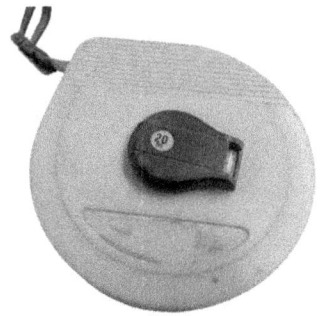

Cinta métrica para medir largas distancias

– Compás de puntas o de trazado: dos brazos de acero unidos por sus puntas y que tienen un tornillo de ajuste para ajustar su separación. Se emplea para medir distancias entre dos puntos, trazar circunferencias, comparar espesores, traspasar o comparar medidas de una piedra con molduras a otra.

– Compás de varas: se utiliza para trazar grades arcos o circunferencias. Es una barra que, en sus extremos, tiene dos tornillos ajustables en distancia y con puntas, los cuales se separan con la medida igual al radio, quedando una punta sobre el centro y la otra marcando el arco o circunferencia.

– Plomada: pesa de latón o bronce rellena de plomo colgada de una cuerda por un punto o nuez de igual ancho que la plomada, que, puesta junto al paramento y debido a que la tierra atrae a todos los cuerpos con una fuerza perpendicular a la superficie de la tierra, la nuez y la plomada describen la vertical perfecta, detectando defectos de verticalidad en el muro si la plomada se distancia de él o si queda muy pegada.

Plomada utilizada para aplomar y realizar comprobaciones

– Tirantez, cuerda o cordel: sujetando fuertemente una tirantez, cuerda o cordel por sus extremos a maestras o tochos metálicos o de madera.

2.4. Interpretación del plano: geometría y tolerancias:
Al disponerse a comenzar la ejecución de un muro de piedra natural, con el análisis de los planos de construcción se debe consultar el pliego de prescripciones técnicas, donde se indicará la tolerancia admisible para esa partida.

La tolerancia trata de dejar claro cuál es la horquilla de valores entre los que podrá encontrarse una dimensión para considerarla válida o, si quedase fuera, nula, teniendo que rechazar la parte ejecutada incorrectamente.

3. Referencias de replanteo:

En el trazado del replanteo del muro, se marca el espacio que va a ocupar en su arranque desde su base de cimentación. Para ello, son necesarios los planos acotados de cimentación y el de albañilería en el que aparezcan los ejes del muro.

Una vez relacionados los puntos más importantes del arranque o de referencia del trazado, que suelen coincidir con esquinas, encuentros o arranques de muro, se comienza marcando sobre el terreno los ejes de cimentación median te el clavado de estacas de madera, tochos metálicos o camillas de madera, de los que saldrán tiranteces de referencia.

Realización de muro de mampostería

3.1. Marcado del soporte:
Una vez posicionados todos los ejes de los cimientos en las estacas de madera, tochos metálicos o mediante puntillas en las camillas, se colocan y tensan todas las tiranteces sobre ellas. El siguiente paso es marcar los ejes de la cimentación sobre el terreno:

– Si la excavación de la cimentación se realiza con medios mecánicos, primero se marcan los ejes con cal sobre el terreno y, después, midiendo desde los ejes, se marca con cal el perímetro del cimiento y se retiran las tiranteces, pudiendo a continuación pasar la retroexcavadora a realizar el vaciado con este marcado de guía.

– Si la excavación de la cimentación se realiza de forma manual, se dejan las tiranteces como referencia y se procede a la excavación. Una vez este la excavación avanzada, se podrán retirar las tiranteces para facilitar los trabajos.

3.2. Ubicación de miras. Intervalos. Esquinas, encuentros:
Se colocarán reglas o miras con sus caras rectas, bien aplomadas y bien cogidas a las primeras hiladas de esquinas, a encuentros entre paramentos y en comienzo de mochetas bien unidas con yeso para evitar que se puedan mover por un golpe o por las tensiones que las tiranteces les transmiten.

El muro debe quedar bien asentado sobre la cimentación, bien nivelado y marcadas las posiciones donde irán los huecos de las puertas, los huecos de las ventanas para el caso de aparejo con sillares regulares, los encuentros con otros paramentos, las esquinas y los arranques del muro.

3.3. Esquinas, encuentros.
Lo primero que ha de replantearse sobre la cimentación son las esquinas, los encuentros y, partiendo de estos puntos, los huecos de puertas y ventanas, abultados o rebajes que se irán señalando a medida que se avanza, colocando reglas o miras en cada punto.

Para el caso de sillería, terminado el replanteo de las piedras que corresponden con la primera hilada, se colocan de forma definitiva con mortero.

– Curso de mampostería año 2016, impartido por Adolfo Armas Luján

3.4. Medida. Alineación. Nivelación. Plomo:

En la labra del muro, es importante sensibilizarse del especial protagonismo que supone el saber aplicar los conocimientos sobre las técnicas de traspaso de medidas, alineaciones de los paramentos, la nivelación de hiladas, antepechos, dinteles y demás remates, comprobación del aplomo con el fin de evitar defectos de forma, desplomes, faltas de alineación en sus caras, diferencias de nivel, espesor de juntas no uniformes, pérdidas de estabilidad, etc.,

Que no afectarán solo a sus características estéticas, sino que, en algunos casos, serán defectos de construcción difícilmente solucionables y afectarán a su seguridad, incluso pudiendo darse, en el peor de los casos, tener que demoler por riesgo de derrumbe.

3.5. Medida.

El primer paso en toda obra de nueva ejecución es pasar las medidas del plano al terreno mediante el replanteo planimétrico.

Esto, hoy en día y según la envergadura de la obra, se puede hacer con cinta métrica de acero o fibra, según sea la magnitud de la medida, apoyándose en tiranteces y uso de escuadras para ángulos de 90° o con la tecnología topográfica mediante la estación total, aparato electroóptico que mide ángulos, distancias y niveles, mucho más caro, pero muy útil para obras de gran volumen y necesitadas de gran precisión y rapidez.

3.6. Alineación.

La alineación en un muro de mampostería, sillería o perpiaño tiene Como objetivo básico que su construcción no se salga de un perímetro establecido y que su eje quede en la posición que marcan los planos de replanteo. Se realizará mediante tiranteces desde puntos externos o con marcado sobre la cimentación mediante tirantez impregnada de añil (tiralíneas), que dejará la marca de referencia para poder colocar la primera hilada.

3.7. Nivelación.

El objetivo de la nivelación es que las hiladas, antepechos, dinteles, molduras y cualquier otro elemento de fachada estén todos contenidos en planos horizontales y paralelos entre sí. Para comprobar el nivel de la primera hilada para un muro de sillería a labrar con junta de mortero, se tomará desde el extremo de un paramento entre esquinas o entre encuentros o entre esquina y encuentro y se colocará la primera hilada de sillares, con las dimensiones que indica el proyecto, sin junta de mortero y separados entre sí utilizando un escantillón, que podrá ser un trozo de listón de madera, un bolígrafo o cualquier referencia del espesor del mortero.

3.8. Plomo.

El objetivo de la toma de plomada en el muro es comprobar que se ha construido manteniendo la vertical. Para ello, se sujeta por el extremo opuesto al plomo y se coloca este pegado a la parte alta del muro, que penda la plomada por su propio peso.

Esta tendrá movimientos pendulares hasta quedarse inmóvil en la vertical. A continuación, se comprueba su verticalidad, siendo aceptable si la plomada roza ligeramente el muro. Si no lo toca o queda totalmente pegado, significa que está inclinado y se debería comprobar si rebasa o no la tolerancia admisible.

3.9. Aparejo. Planeidad. Desplome. Horizontalidad de hiladas:

Las características que definen un buen muro son un buen aparejo, planeidad en sus caras, verticalidad y mantenimiento de la horizontalidad en sus hiladas. De la misma forma, el origen de los problemas ocasionados por defectos en su labra tiene que ver con alguno de los siguientes defectos: el de forma en el aparejado de los bloques, la falta de planeidad en el paramento, el desplome o la falta de horizontalidad de las hiladas que lo forman.

3.10. Aparejo.
En el proceso de labrado de un muro de mampostería, sillería o perpiaño, la dificultad del trabajo vendrá determinada por el tipo de materiales empleados y por el tipo de disposición y trabado que tengan las piedras en el muro.

Sea cual fuere el aparejo que esté establecido en proyecto, los controles que hay que hacer para garantizar su buen trabado son la horizontalidad de las hiladas, manteniendo el espesor de la junta horizontal de mortero o tendel dentro de los valores de tolerancias admisibles, que la junta vertical de mortero o llagas entre piezas se mantenga dentro de los valores de tolerancia admisibles y que la disposición y trabazón de las piedras mantengan la proporción que corresponda al tipo de aparejo en todo el paramento.

3.11. Planeidad.
La comprobación del aplomo, la disposición de reglas o miras aplomadas cada pocos metros y la nivelación de las hiladas, en algunos casos, no son suficientes para detectar pequeñas barrigas o hundimientos puntuales producidos en el labrado del muro. Para ello, es necesario realizar comprobaciones periódicas durante el proceso de ejecución con las reglas o miras, colocándolas pegadas al muro en distintas direcciones (vertical, horizontal y oblicua).

3.12. Desplome.
El desplome de un muro consiste en la pérdida de la verticalidad debido a la pérdida de horizontalidad de la base de la hilada anterior por defecto de la naturaleza de la piedra, de la consistencia del mortero o de la mala ejecución de la labra.

Otra causa que tiene como efecto la pérdida de verticalidad y de planeidad de un paramento es que las hiladas del muro tengan que transmitir un excesivo peso para el que no estaban calculadas ni dimensionadas, pudiéndose producir un pandeo o un desplome, perdiendo el muro parte de su estabilidad y poniendo en peligro la seguridad de la construcción.

3.13. Horizontalidad de hiladas.
La importancia de colocar las piedras en hiladas horizontales se debe a que de esta forma se evitan posibles deslizamientos que se pudieran producir. Las hiladas deben estar contenidas en un mismo plano horizontal, siendo este perpendicular a la dirección de los esfuerzos que transmite el muro a la cimentación.

Para obtener las hiladas horizontales, se han de comprobar los niveles para cada hilada, teniendo en cuenta el tipo de aparejo, el tamaño de las piedras que se van a emplear y los espesores de la junta horizontal de mortero o tendel, haciendo que queden dentro de los valores de tolerancia admisibles.

3.14. Barras de referencia. Niveles de antepechos y dinteles de los huecos:
En el replanteo del muro, en planta y alzado se utilizan las barras, reglas o miras para marcar sobre la superficie de arranque del muro las esquinas, los encuentros y los huecos de fachada. Se colocarán las barras bien sujetas con yeso, aplomadas en sus caras y a distancia menor a 6 m en esquinas, encuentros y huecos o mochetas.

4. Ubicación de remates: molduras, alféizares, dinteles, jambas, etc…

Los muros, en su encuentro con las distintas partes que los forman, dentro del conjunto de la edificación de una fachada de un edificio, resuelven las transiciones entre distintos planos con piezas especiales que tienen una función práctica a la vez que decorativa.

4.1. Molduras.

Las molduras son elementos decorativos empleados para adornar los bordes de los huecos de puertas y ventanas o rematar superiormente los zócalos de piedra. Consisten en un abultado, relieve o saliente del plano vertical de fachada. Tienen un acusado componente lineal y su perfil o relieve se mantiene en toda su longitud, pudiendo tener un tratamiento especial en los encuentros entre la moldura vertical con la horizontal y en los terminales verticales.

Labrante Tallando moldura a mano, en Cantería de Arucas.

4.2. Alféizares.

En la colocación del alféizar en antepecho o cubremuro en pretil de cubierta, se colocará cuidando que tenga una ligera pendiente hacia el exterior para la evacuación rápida del agua que evite su acumulación y aparición de humedades y con un vuelo de más de 3 cm sobre la rasante del muro y provisto de goterón. La unión del alféizar con el cerco de la ventana y con las jambas es muy importante para garantizar la estanqueidad en esos puntos.

4.3. Dinteles.

El tipo de dintel más sencillo que se puede emplear es monolítico, se emplea para luces de menos de 1,20 m y tiene un apoyo sobre cada lado de las jambas de 1/10 parte de la luz y como mínimo 15 cm. Para luces algo mayores que esta, deberá llevar sobre él un arco de descarga. Si se quiere evitar el arco de descarga y las luces son mayores, se debe resolver con dinteles adovelados o con arcos. La variedad de las posibles soluciones para cubrir un hueco con dinteles es muy amplia, dependiendo del tipo de cargas que debe soportar y de la función estética que se le quiera dar a su construcción.

4.4. Jambas.

Los encuentros entre las jambas con los cercos, alféizares y dinteles son los puntos más delicados que presentan los muros de piedra. En ellos, se van a encontrar las tensiones de descarga de la parte que corresponde a las hiladas superiores al hueco, que se apoyan en el dintel y este las transmite a cada lado de las jambas, las diferencias de dilatación de los distintos materiales de cada elemento y la acumulación de humedades o filtraciones si no están bien sellados o empotrados.

Preparación de mampuestos

1. Introducción.

El ser humano ha sabido aprovechar la piedra natural de muy diversas maneras a lo largo de la historia. En tiempos remotos, hizo de este elemento el principal aliado de su vida cotidiana, convirtiendo las piedras en herramientas, armas y objetos de culto o funerarios, llegando a ser tan abundantes y tan importantes los yacimientos y hallazgos de industrias líticas en todo el planeta que ha dado nombre a toda una era de la Prehistoria: la Edad de Piedra.

2. Preparación de mampuestos a partir de piedra en bruto.

Antes de empezar a trabajar las piedras, es necesario conocerlas un poco, ya que son muchas las especies que se presentan en la naturaleza, pero pocas las que sirven para la construcción.

2.1. Tipos de piedras utilizadas en construcción.

Es de sobra conocida la clasificación científica más común de las rocas según su origen: rocas eruptivas o ígneas, metamórficas y sedimentarias, pero también es posible clasificarlas según los minerales que entran en su composición, ya que, dependiendo de estos, las rocas o piedras tendrán unas cualidades o características distintas para su uso en construcción. Básicamente, las piedras apropiadas para usarlas como materiales de construcción se pueden dividir en dos grandes grupos:

Los que están formados principalmente por óxido cálcico: piedras calcáreas.

Las que tienen por base principal el sílice: piedras silíceas.

Piedras calcáreas:

Dentro de este grupo, las más importantes son:

– Calizas: compuestas por ácido carbónico y óxido de calcio, se descomponen por la acción del calor, dando origen a productos de naturaleza distinta (cal, cemento), solubles a los ácidos produciendo efervescencias al contacto con ellos. Escala de dureza 3, raya al cobre y es rayada por el hierro. Existen muchas variedades de calizas, las más usadas son la caliza sacaroidea (mármol), la caliza compacta, más fina que el mármol, la caliza basta que no admite pulimento, y la caliza silícea muy útil por su dureza.

Piedras silíceas:

Existen gran variedad de piedras silíceas, todas ellas de gran dureza, siendo las más empleadas:

– Arenisca: aglomeraciones de granos de sílice puro (cuarzo). No se disuelve en los ácidos ni se altera al fuego. Raya el cristal.

Roca – Arenisca

– Granito: compuesto principalmente por cuarzo, feldespato y mica. De gran dureza. Muy empleado en construcción.

– Piedras volcánicas: compuestas por sílice y distintos óxidos. Las más interesantes son los basaltos, de gran dureza, las lavas y la piedra pómez.

Roca – Volcánica – Picón

– Pizarra: se compone de sílice y generalmente de óxido de aluminio. Estructura hojosa, puede ser rayada por un cuchillo. Por su facilidad para dividirse en capas más o menos finas, se usa mucho en cubiertas, sustituyendo a las tejas, y en la realización de revestimientos de fachadas.

2.2. Propiedades básicas de las piedras.

Conocidas algunas de las piedras más utilizadas, se describirán a continuación las propiedades que se presentan en ellas y que hay que tener en cuenta para su uso en obra:

– Exfoliación: facilidad con que un material se rompe en uno o más planos definidos, o sea, por donde su masa presenta menos cohesión.

– Lustre: aspecto de la superficie del material al reflejo de la luz (pulido).

– Apariencia: para trabajos en fachadas (cara vista), debe tener una textura adecuada y compacta.

– Estructura: la piedra partida no debe tener un color apagado y su textura ha de estar libre de cavidades, fisuras y materiales blandos. A simple vista, no deben apreciarse las estratificaciones.

– Resistencia: la piedra ha de ser fuerte y resistir a la acción desintegradora del tiempo. La resistencia a la compresión ha de oscilar entre los 60 y 200 N/m2.

– Peso: relación entre porosidad y densidad. Cuanto más poroso sea el material, es menos denso, pesa menos. Si el material es más denso, tiene menos poros y, por lo tanto, pesa más.

– Dureza: propiedad muy importante para suelos y pavimentos. Se determina por la escala de Mohs.

– Tenacidad: resistencia al impacto que tiene la piedra.

– Trabajabilidad: facilidad con que se corta, da forma y tamaño adecuado a la pieza que se labra. A más trabajabilidad, más viable económicamente es el producto resultante.

– Resistencia al fuego: las piedras han de estar libres de carbonato cálcico, óxidos de hierro y de minerales con alto coeficiente de expansión térmica.

– Movimiento térmico (dilataciones): los materiales pétreos pueden causar problemas en uniones y juntas al absorber agua de lluvia o al estar expuestos al calor.

2.3. Obtención de la piedra en bruto.

Normalmente, la piedra natural se extrae en canteras, que pueden estar a cielo abierto o en minas subterráneas. Los métodos de trabajo no han cambiado mucho con el tiempo desde épocas antiguas hasta hoy, con el concurso de útiles y herramientas de mano similares. El mayor empleo de los explosivos y la introducción en las canteras de maquinaria pesada marca la diferencia, al facilitar la extracción y posterior manipulación de los bloques de piedra.

2.4. Labra de la piedra según el tipo de obra de fábrica.

En la realización de obras de fábrica de mampostería, se tienen en cuenta varios grupos o familias, que se distinguen por el acabado que se le da paramento en su cara vista. Como es lógico, según el acabado que se le dé a la obra, habrá que trabajar de forma distinta con la piedra a emplear para conseguir el resultado final que se busca.

– Mampostería ordinaria: aquella construida con piedras o mampuestos de formas varias, no llevando otra preparación que el arreglo con martillo para eliminar las partes capaces de debilitar o de impedir su correcta colocación.

Alpendre realizado con piedra, mampostería. Agaete

– Mampostería en seco: se realiza con mampuestos colocados a hueso, sin mortero de unión entre ellos. Las piezas se arreglarán con martillo para conseguir un buen encaje de los mampuestos entre sí, eliminando los puntos más débiles.

– Mampostería escafilada: los mampuestos que se usarán en este tipo de fábrica solamente estarán algo labrados en los bordes de las caras que definen el paramento, dejando el resto de la cara averrugada o salediza. Para ello, se golpearán los bordes con martillo o maceta hasta conseguir el efecto deseado.

– Mampostería careada: en ella, los mampuestos de los paramentos vistos están labrados para conseguir una cara exterior plana, aunque tosca. El desbaste se realizará con martillo y trinchante en toda la superficie de la cara vista.

– Mampostería concertada: para este tipo se utilizarán, en sus paramentos vistos, mampuestos labrados en forma poligonal más o menos regular, de forma que sus caras de asiento sean lo más planas posible. Los mampuestos se desbastarán hasta conseguir formas regulares, aunque toscas, utilizando para ello martillo y pico.

2.5. Selección y preparación de mampuestos para esquinas y huecos.

Al elaborar una obra de mampostería de piedra, es posible encontrarse con dos elementos estructurales muy importantes y a los que hay que prestar especial atención en la elección de las piedras que los conformarán y en la forma de estas. Estos elementos son las piedras que se colocan en las esquinas y las piedras que se colocan como elementos portantes cerrando huecos (dinteles).

2.6. Piedras para esquinas.

Las esquinas se forman cuando, al realizar una obra de fábrica cualquiera, dos lienzos de muro que siguen direcciones distintas se cortan en un punto formando ángulo con sus paramentos exteriores. Las piezas que se colocan en esos ángulos tienen la misión de unir a los dos muros entre sí, cohesionándolos de tal modo que los esfuerzos que sufran cada uno por separado los compartan entre ellos, sin que se produzcan grietas ni fisuras en la estructura que denoten la separación de los muros.

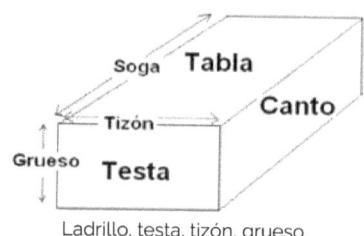

Ladrillo, testa, tizón, grueso.

2.7. Huecos en muros de mampostería.

Un hueco en una fábrica de mampostería supone la interrupción de la continuidad de trabazón entre las piezas que la componen, con el consiguiente desvío y concentración de cargas sobre las paredes laterales del hueco (jambas). La manera más simple de salvar un hueco sin que aparezcan empujes laterales que puedan perjudicar la integridad de la obra es por medio de un dintel.

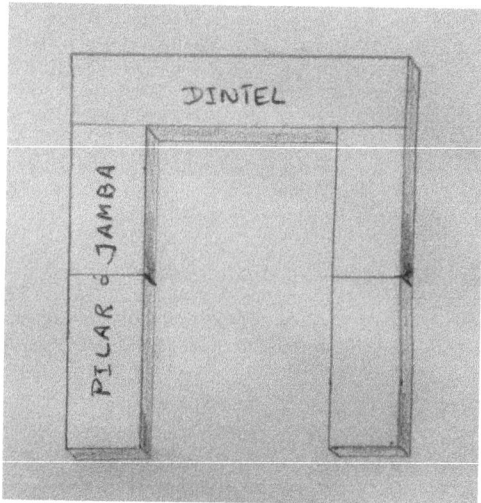

Jambas y dintel

3. Preparación de los sillares y perpiaño.

A diferencia de los mampuestos, que son elementos normalmente irregulares y poco labrados, los sillares, sillarejos y perpiaños son piezas de piedra con un acabado muy cuidado, de formas regulares que, generalmente, vienen especificadas en el mismo proyecto de ejecución de la obra o edificio a la que van destinadas, en forma de despiece pormenorizado de todos los elementos singulares que componen la obra.

Este trabajo de transformación de la piedra en bruto a la piedra ya labrada se conoce como cantería y, tradicionalmente, eran varios los oficios que venían en el proceso: Cabuqueros, entalladores, canteros y tallistas o labrantes convertían la roca en elementos de construcción casi perfectos, utilizando los mismos métodos y herramientas durante siglos.

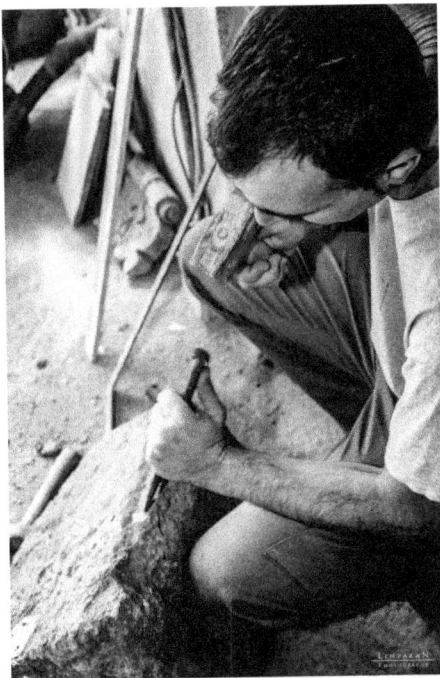

labrante de Arucas realizando losa

3.1. Sillar y perpiaño (Tochos).

En construcción, se conoce por sillar a cada una de las piedras labradas por varias de sus caras que forman parte de una obra de fábrica de sillería. Las formas, tamaños y acabados de los sillares que se van a emplear en una obra han de ajustarse a las especificaciones que, para cada uno de ellos, se indican en el plano de despiece, pues hay que considerar que cada sillar es una pieza individual que debe encajar en su sitio correspondiente para que el resultado final sea el deseado.

Los perpiaños se diferencian de los sillares principalmente en el tamaño: suelen ser piezas prismáticas de unos 45 cm de alto x 20 cm de grueso y de longitud variable, tradicionalmente con acabado rústico, que se emplean para la construcción.

Proceso de elaboración y oficios que intervienen.

Aunque, como se indicó anteriormente, la producción de elementos pétreos de construcción está muy mecanizada, es interesante conocer el proceso artesanal que sigue la piedra en bruto hasta convertirse en un sillar o un perpiaño ya terminado.

Extracción.

El proceso de extracción de piedra natural en las primeras explotaciones industriales se hacía, como se mencionó anteriormente, por medio de cuñas hincadas en la dirección de debilidad de las rocas.

Troceado.

En función de la pieza que debe ser tallada, dentro del acopio de piedra en bruto, se procede a la selección de un bloque de dimensiones algo mayores que las definitivas, comprobando siempre que no tenga defectos o fisuras que puedan afear el trabajo.

Regularización o desbaste.

El encargado de dar la forma final a la pieza es el cantero. Con plantillas a tamaño real o bocetos sacados de los planos de despiece de la obra, trabaja en la pieza hasta conseguir las medidas, formas y acabados casi definitivos, dejando unos márgenes de entre 2 a 3 cm en cada cara, para prevenir los golpes o roturas que pueda sufrir la pieza en su transporte.

Labrado o tallado.

Consiste en la definición geométrica precisa de la pieza. Con el labrado, se va procediendo de menor a mayor definición, por lo que la eliminación excesiva de material puede estropear la pieza. Por eso, el trabajo de talla debe ser verificado continuamente con herramientas de control: La regla para comprobar las aristas y la planeidad de las superficies, la escuadra para comprobar la perpendicularidad de los planos y el compás para transportar y verificar las medidas.

– Labrante tallado una piedra a mano – Adolfo Armas Luján.

Útiles manuales y mecánicos

4. Herramientas y útiles manuales y mecánicos para el ajuste. Utilización.

En el trabajo de ajuste de los materiales pétreos que se utilizan en construcción, intervienen un gran número de útiles y herramientas, tanto manuales como mecánicas, movidas por algún tipo de motor.

4.1. Herramientas manuales.

Las herramientas manuales usadas comúnmente en cantería se pueden clasificar de la siguiente forma:

- De medición: metro, escuadra, compás.

- De golpe o percusión: cuña, martillo, maceta, mazo, pico, bujarda, escoda.

- De corte: sierra de mano.

- De acabado: cincel, punzón, trinchante.

Herramientas de medición.

Usadas para la parte más técnica del trabajo, tienen la misión de ayudar al cantero a trasladar a la piedra con la que trabaja las formas y medidas dadas en los planos o bocetos.

Herramientas de golpe o percusión.

Por medio de su peso o forma, con estas herramientas se extraen o se parten rocas y piedras y sirven de ayuda en la utilización de otras herramientas.

Martillo. Es una herramienta utilizada para golpear una pieza causando su desplazamiento o deformación.

Maceta. Especie de martillo de doble cara y de mayor tamaño y peso, que puede oscilar entre los 0,5 y 3 kg. Es utilizado por canteros y albañiles para golpear cinceles o cortafríos o directamente contra la piedra.

Maceta o martillo para golpear los escoplos o cinceles

Maceta portuguesa. Herramienta de mano similar al martillo. Su uso más común es golpeando directamente el material con que se trabaja, pero también se usa para tallar.

Maceta portuguesa

Pico. Herramienta formada por una barra de acero o hierro y un mango de madera, metal o resina. Normalmente, en la parte metálica un extremo termina en punta y el otro extremo es plano y con filo cortante. Se usa para cavar en terrenos duros y para remover piedras.

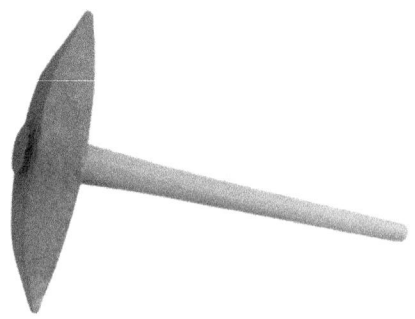

pico de recalar de 5Kg

Escoda. Es una herramienta usada para labrar la piedra. Tiene forma de hacha con dos filos lisos en el mismo plano, suele pesar unos 2 o 3 kg y se usa cogiendo el mango con las dos manos y golpeando la piedra directamente.

Escoda herramienta con forma de hacha, que se utiliza para escodar y pasar la piedra

Bujarda. Es una herramienta empleada en cantería para labrar la piedra. Se utiliza para acabados en superficies que se desean rugosas, por lo que también se puede considerar como una herramienta de acabado, pero, al usarse golpeando directamente sobre el material, se considera de golpe.

La Bujarda se utiliza para abujardar la piedra a mano

Cuñas. Más que una herramienta, a las cuñas se las puede considerar una máquina simple, como la palanca. Consisten en una pieza de metal o madera terminada en ángulo muy agudo.

Cuña plana

Herramientas de corte.

En la actualidad, la mayoría de las herramientas usadas para extraer y trocear los bloques de piedra son mecánicas, tanto en cantera como en taller. Solamente la sierra de mano se sigue utilizando en el corte manual de piedras de consistencia blanda.

Sierra de mano. Herramienta que sirve para cortar cualquier tipo de materiales. Consiste en una hoja con el filo dentado a la que se le aplican movimientos de vaivén sobre una superficie u objeto.

Herramientas de acabado. Para dar el acabado final las piezas de piedra, se cuenta con el cincel, el punzón, el trinchante y el fiador. Estas herramientas, normalmente, necesitan del apoyo de las de golpe o percusión para poder desarrollar su trabajo.

Cincel. Herramienta manual diseñada para cortar, ranurar o desbastar material en frio mediante el golpe con un martillo adecuado. El filo de corte se deteriora con el uso, por lo que es necesario su reafilado cada cierto tiempo para mantener sus propiedades cortantes.

Gradina. Es una especie de cincel dentado que se utiliza en la talla de piedras naturales. Permite el devastado de la piedra con facilidad y proporciona una textura en forma de líneas paralelas que ayuda a ver con mayor nitidez el plano de la talla que se está realizando.

Puntero. De forma cilíndrica o prismática, con un extremo o boca con una punta aguda o de otro tipo que, al percutir o presionar al ser golpeado contra una superficie, deja impresa en troquel la forma de la punta.

Trinchante. Es una herramienta de cantería en forma de hacha con dos filos dentados de unos 8 cm de largo que aparecen siempre en el mismo plano. El tamaño de los dientes puede variar o incluso tener los filos casi lisos.

Escoda trinchante, de abujardar

4.2. Herramientas mecánicas.

Para la extracción de la piedra en las canteras y su posterior transformación, se utilizan en la actualidad un gran número de máquinas, que han facilitado mucho la comercialización de la piedra. Esta transformación se lleva a cabo en dos fases:

– Cortado de los grandes bloques de roca a pie de cantera.

– Cortado, troceado y acabado de la piedra en taller.

Máquinas de cantera.

Los cortes de los grandes bloques de roca en cantera se realizan con máquinas de hilo diamantado y con rozadoras de brazo o de cadena, similares a una gran motosierra.

Máquina de corte con hilo diamantado.

Es de los medios más utilizados para la extracción de roca, dado el aprovechamiento de mineral que se obtiene con el empleo de esta máquina. Su función básica es la realización de cortes verticales en la torta o bloque.

Rozadora de cadena.

Las cualidades de esta máquina rozadora hacen que el proceso extractivo sea más fácil y rápido que el de otras máquinas. Está equipada por un brazo de 3,4 m que puede realizar trabajos especiales, como rebajar el lecho de la cantera o abrir canales para realizar nuevos bancos.

– Rozadora – Aserradora de cadena, para cortar bloques de piedra del risco – Cantería de Arucas.

Máquinas de taller.

El trabajo de transformación de los bloques provenientes de la cantera se realiza en talleres o aserraderos, empleando distintas máquinas para el corte y el acabado de las piezas listas para la comercialización.

Telares de multilama.

Constan de flejes que, mediante un movimiento de vaivén, atraviesan el bloque y lo convierten en un conjunto de tablas. El corte lo realizan unas pastillas diamantadas dispuestas en los flejes, que también cuentan con la ayuda de abrasivos incorporados (granalla de acero), para cortes de materiales duros, como el granito. Todo el conjunto va refrigerado con agua que, además, neutraliza las partículas de polvo producidas por la acción de serrado.

Cortadoras de disco.

Las cortadoras de disco diamantado se presentan de diversos tamaños y modelos, de puente o de mesa para cortar grandes piezas, o incluso para su uso manual. Estas máquinas tienen un motor que hace girar a gran velocidad un disco que consta de dos partes: el alma, chapa de acero de gran calidad, y los segmentos diamantados, que contienen una mezcla de diamante y polvo metálico, fijados al alma por medio de soldadura con una aleación de plata o por medio de soldadura láser.

Máquinas de acabado.

El acabado superficial de la piedra ya sea para uso ornamental o para trabajos de menos calidad de acabado, también se está mecanizando en la actualidad con el empleo de pulidoras o abujardadoras.

Pulidoras.

Para pulir y lustrar cualquier superficie, se recurre a diversas técnicas. Una de estas técnicas consiste en sujetar la pieza en un banco de trabajo, mientras que uno o más mandriles proceden a pulir la losa.

– Pulidora de bandas, con varios cabezales. Cantería de Arucas.

Abujardadoras.

Son máquinas que, mediante platos giratorios intercambiables, consiguen el acabado abujardado de la piedra. En talleres, los platos de abujardar generalmente se acoplan en las máquinas pulidoras, pues funcionan del mismo modo.

Abujardadora portátil

Plato de abujardar

4.3. Eliminación de precortes del transporte del perpiaño.

Cuando se hace una obra de perpiaño, aunque el paralelepípedo ya viene formado de la cantera, es necesario labrar las caras de su lecho, cabezas o paramentos hasta conseguir superficies planas, no solo por la estética, sino para que asienten unas sobre otras sin necesidad de cuñas.

– Homenaje al labrante, realizada por el escultor Aruquense José Luis Marrero Cabrera.

4.4. Abrir o lajado de piezas de piedra.

Laja o piedra laja, en general, es una roca plana, lisa y poco gruesa, que se puede definir como una roca sedimentaria que se separa fácilmente en tablas planas debido a la estratificación en los yacimientos. A la operación de extraer de las canteras este tipo de piedras se la denomina lajado. El proceso de lajado se suele llevar a cabo de forma manual, mediante ganchos cinceles, cuñas u otras herramientas, usadas para separar las placas o lajas por los planos marcados por la esquistosidad o estratificación, según los casos, como si de abrir un libro se tratase. También puede efectuarse esta operación de forma mecánica, con máquinas que poseen unas cuchillas o cuñas hidráulicas.

4.5. Corte por medios manuales y mecánicos.

Para lograr una pieza de piedra de cualquier tipo y poder emplearla en la realización de un trabajo, ya sea una obra de fábrica de mayor o menor categoría o incluso una obra escultórica, es necesario emplear diversas técnicas sobre la piedra hasta llegar al objetivo deseado.

4.6. Corte por medios manuales.

Uno de los métodos con más tradición empleados para el corte controlado de las rocas y su posterior troceado, es el denominado de las rozas, que consiste en cavar en la superficie de la roca varias alineaciones de agujeros, separados pocos centímetros unos de otros, dispuestos de manera que la dividan según la forma que interesa obtener de la roca. A continuación, se introduce en cada uno de estos agujeros una cuña de acero con unas chapas metálicas a los lados, de forma que la cuña pueda moverse solamente en la dirección que interesa para realizar el trabajo. Ya solo queda golpear cada una de las cuñas con un mazo pesado hasta que la presión que producen estas en la roca provoque su rotura.

– En rocas blandas, algunas calizas, por ejemplo, se suele usar el serrado como técnica de corte. El serrado manual tiene el inconveniente de que no puede emplearse con bloques muy grandes, pues sería necesario emplear sierras de gran tamaño imposibles de mover con la sola fuerza del hombre.

El serrado se puede realizar con hojas de sierra dentadas o con hojas lisas o cables que emplean como abrasivo arena y agua. El manejo es muy simple: apoyada la hoja sobre la superficie a cortar, se le imprime un movimiento de vaivén a la herramienta de forma que la fricción producida por esta produce el desgaste y corte de la pieza.

Corte de piedra blanda con sierra

4.7. Corte por medios mecánicos.

El corte de piedra mecanizado está muy desarrollado actualmente con el empleo de las máquinas descritas anteriormente en este manual. Ese tipo de máquinas son usadas en canteras y talleres, empleándose principalmente en la preparación de los elementos pétreos de construcción a gran escala con unas medidas y acabados generalizados.

Los principales tipos de discos diamantado-aptos para corte de piedra son:

* Segmentado: se utiliza para cortar piedras naturales abrasivas en seco.

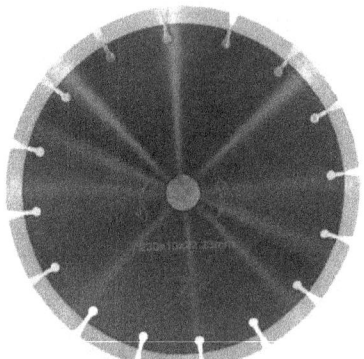

Disco corte 230 segmentado

* Continuo: se utiliza para cortar granito, mármol, piedras duras. Puede cortar tanto en seco como en húmedo.

Disco corte 230 continuo

* Turbo: aplicable en granito, mármol y piedras naturales duras, también en seco.

Disco corte 180 continuo- Turbo

5. Labrado.

La labra o tallado de un sillar consiste en la obtención, a partir de un bloque previamente desbastado y que tiene intactas sus creces de cantera, de un elemento pétreo con la forma y dimensiones exactas a las indicadas en los planos. Para dimensionar las piezas, se parte de dibujos de tamaño natural, llamados trazas de montea.

Con las trazas de montea, se representan todas las proyecciones necesarias para determinar las dimensiones del sillar en todas sus caras. Partiendo de los dibujos realizados, se construyen plantillas a tamaño real con las que se marcan en los bloques las dimensiones del sillar.

– Labrante saladeando una piedra para emparejarla – Adolfo Armas Luján.

5.1. Rebatido.

En toda obra de fábrica que no se realice en seco, interviene un elemento básico que sirve para cohesionar los elementos que componen la fábrica. Este elemento es el mortero.

Se llama mortero a la mezcla utilizada en albañilería para sujetar, fijar, recibir o tapar los materiales empleados en la construcción.

5.2. Escafilado.

Se denomina escafilado a la operación de cortar los lados o esquinas de un sillar o perpiaño, una vez colocado, para que las juntas queden homogéneas. Este trabajo se realiza sobre paramentos ya terminados, en los cuales las juntas entre piezas tienen saltos o salientes producidos por el propio acabado, escafilado o rústico, de las piezas.

5.3. Obtención de caras planas y bordes vistos.

Para obtener en una pieza de piedra caras planas y aristas o bordes vistos, hay que realizar sobre ellos una serie de trabajos que ya se describieron en el labrado. Cabe solo resaltar la importancia de que el replanteo de la pieza se realice con gran precisión, pues de él depende que la pieza terminada cumpla con una condición indispensable: que sus caras sean perpendiculares entre sí.

5.4. Revestimientos de cantos.

En la realización de los muros exteriores o cerramientos, hay algunos puntos críticos, como son las zonas macizas de hormigón de los cantos de forjado, que además de ser el encuentro de dos tipos de materiales distintos, suponen un puente térmico entre el exterior y el interior de la construcción. Por lo tanto, en la medida de lo posible, habrá que aislar estos puntos, colocando delante del hormigón un revestimiento, que normalmente se realiza con un material de la misma naturaleza que la del muro.

5.5. Mecanizados en obra: corte, taladros y cajeados.

En todo tipo de obra de fábrica, se realizan una serie de trabajos con los auxilios de maquinaria ligera, básicos y necesarios para el desarrollo de la obra. Entre ellos, los más importantes son los que se describen a continuación.

5.6. El corte de material.

Los materiales que llegan a obra, aunque tengan medidas definidas por despieces, en multitud de ocasiones hay que adaptarlos a las condiciones y necesidades de la obra por medio de cortes. Estos cortes se pueden realizar con máquinas portátiles de disco de diamante (la más usada por su versatilidad es la radial) o con mesas de corte con agua, que son usadas principalmente para el corte de piedras de laja, piezas de poco grosor que traen un fuerte acabado superficial y que en el corte en seco se pueden desbordillar y quedar desechadas.

5.7. Taladros.

Se llama taladrar a la operación de mecanizado que tiene por objeto producir agujeros cilíndricos en una pieza cualquiera, utilizando como herramienta una broca. La operación de taladrar se puede hacer con un taladro portátil, con una máquina taladradora, en un torno, en una fresadora o en un centro de mecanizado.

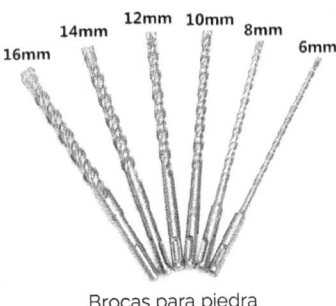

Brocas para piedra

5.8. Cajeado.

Se llama cajeado a la realización de cortes combinados en alguna pieza, paramento o material de construcción, con el objeto de utilizar el hueco que resulta, después de eliminar el material sobrante, para la colocación y acople de elementos con distintas funciones a las del material en el que se realiza el cajeado.

5.9. Ajuste dimensional. Reparto de errores dimensionales entre piezas de piedra.

Al realizar una obra de fábrica con cualquier tipo de materiales, en ocasiones se da que la longitud del paño que se realiza no admite el uso de piezas enteras de material en su totalidad. Esto que con otros materiales se soluciona fácilmente con el corte de una pieza, en el trabajo con sillares o perpiaños representa un problema, por la propia naturaleza del material, muy duro y de grandes dimensiones, y por la condición de trabajo a cara vista de este.

5.10. Realización de pasamuros para colocación de rejillas.

En cualquier edificio, en ocasiones se hace necesario acceder desde el interior de este al exterior, atravesando el cerramiento, para la colocación de todo tipo de instalaciones, acometidas o ventilación de aire, por medio de pasamuros.

Los pasamuros se suelen colocar a la vez que se realiza el cerramiento, colocando unos tubos del diámetro y longitud necesarios para el cometido al que están destinados y en el lugar previsto con antelación por el proyectista.

Fábricas de mampostería

1. Introducción

En el capítulo anterior, se vieron los distintos procesos por los que pasa la piedra desde el momento en que, siendo parte de una formación rocosa, es extraída, manufacturada y acopiada para su posterior uso en una obra de fábrica.

Este capítulo se centra en el trabajo con la piedra en la mampostería, su colocación y las condiciones mínimas que debe cumplir una obra bien ejecutada. A sí mismo, se tratarán con más profundidad los diferentes tipos de mampostería, los elementos singulares que intervienen en una obra de mampuestos y las condiciones de seguridad e higiene que se han de considerar en toda obra de construcción.

– Muro de mampostería ordinaria, con albardilla – Jardín Canario.

2. Construcción de fábricas de mampostería.

La construcción de fábricas de mampostería tiene unas características que varían únicamente en el acabado del paramento o en el uso o no de mortero. En la mampostería en seco, no se utiliza ningún tipo de mortero o aglutinante para fijar las piedras, manteniéndose estas unidas aprovechando su propio peso.

2.1. Usos de las fábricas de mampostería.

Se usan en la construcción de muros portantes, tanto de fachada como de interiores. Pueden ser muros estructurales que cierran o compartimentan el edificio y reciben las cargas de otras estructuras, trasladándolas al suelo, o pueden, en el caso de estructuras porticadas, cumplir la función de cerramiento del edificio. Pueden tener huecos de paso o ventilación.

2.2. Condiciones de ejecución.

Cuando se comience a ejecutar una obra de mampostería de piedra, el primer paso será la limpieza de los mampuestos, regándolos con abundante agua para eliminar el polvo y las costras superficiales que puedan traer de la cantera. Esta operación, además, hidrata las piedras, que consiguen aumentar su adherencia con el mortero. Los lechos de las piedras y las caras que presentarán en las juntas se deberán preparar con mazo, teniendo en cuenta tipo de mampostería que se esté realizando.

Ejecución de obra de fábrica de mampostería en seco.

En la mampostería en seco, no se usa mortero para unir la fábrica, pendiendo de la seguridad de los muros y de la colocación que presenten piedras. Para que las piedras encajen bien unas con otras, se desbastarán con martillo hasta darles forma, evitándose las piedras redondeadas.

- Muro de mampostería ordinaria – Parque Juan Pablo II – Las Palmas.

Ejecución de obra de fábrica de mampostería ordinaria, escafilada, careada y concertada.

Básicamente, la forma de realizar o ejecutar obras de mampostería en las que se utilice mortero es la misma. La única diferenciación que se debe aplicar es en el acabado que se dará a la piedra que se emplee, que se adaptará a las características del tipo de mampostería de que se trate.

Los mampuestos, una vez limpios e hidratados con un riego previo, estarán listos para ser colocados en obra. Se deben asentar sobre una capa continua de mortero, llamado tendel.

2.3. Secuencia de los trabajos. Proceso operativo.

Los muros de mampostería pueden aparecer integrados dentro del proceso constructivo de un edificio o aparecer aislados en forma de muros de contención, de separación de fincas, etc. En ambos casos, es necesario realizar una serie de actuaciones, unas previas y otras a lo largo de la ejecución de la obra, que comienzan con los replanteos y terminan, por ejemplo, con la realización de cubiertas.

Trabajos previos.

Los trabajos previos a la ejecución de un muro de mampostería son los que se describen a continuación.

3. Replanteo.

El replanteo es uno de los pasos previos a casi cualquier operación en una obra. Se trata de componer, desde puntos de referencia fiables, la figura o forma de lo que se quiere construir, realizando las labores de trazado sobre el terreno de la disposición de los muros que sean necesarias y que obedecen, normalmente, a la distribución del edificio.

3.1. Ejecución de las cimentaciones.

Las cimentaciones son un conjunto de elementos estructurales que tienen la misión de transmitir al suelo el peso de una edificación o de cualquier elemento apoyado en ellas, distribuyendo las cargas de forma uniforme para que no superen la presión admisible por el terreno. Como la resistencia del suelo en la que se apoya una edificación es, generalmente, menor que la de los pilares o muros que soportará, el área de contacto entre el suelo y la cimentación deberá ser proporcionalmente más grande que los elementos soportados.

3.2. Acopio de materiales.

Al iniciar cualquier obra, se debe realizar una planificación anticipada para prever la acumulación de los materiales que se van a utilizar. Esta acumulación organizada de materiales en obra es lo que se llama acopio.

3.3. Asiento de la mampostería.

El asiento de la mampostería utilizando mortero permite apilar con más facilidad y a mayor altura las piedras que forman un muro. El asiento de las piezas de mampostería se realiza colocando las piedras en hiladas horizontales, lo más cerca posible unas de otras, para dejar el menor porcentaje de huecos entre ellas, seleccionando su mejor cara para los paramentos vistos del muro.

– Mampostería realizada por alumnos del curso año 2016

3.4. Montaje de andamios.

Los andamios son las estructuras, normalmente de acero o aluminio, que se usan habitualmente en obras para permitir el acceso de obreros y materiales a todos los puntos de trabajo en altura de un edificio en construcción. Este tipo de andamios se llaman de trabajo.

3.5. Coronación de muros.

Cuando, al realizar una obra de fábrica de mampostería, se alcanza la altura que se precisa para el muro, a la parte final de este se le llama coronación. La coronación debe estar nivelada horizontal u oblicuamente, según las necesidades de la obra. Las piezas que se emplearán en la coronación deberán ser grandes, de forma que abarquen el ancho del muro, y planas por la cara superior, para que el conjunto terminado ofrezca una superficie lisa y homogénea.

3.6. Longitud y espesores.

La longitud y los espesores que se hallan en los muros de mampostería de piedra no obedecen a ninguna norma fija, sino que, más bien, estos elementos deben ser estudiados individualmente para determinar las dimensiones apropiadas para cada caso.

Espesores en muros portantes o de carga.

Los muros portantes de carga o de cerramiento cumplen con la misión de cargar y soportar los esfuerzos de compresión de todos los elementos que se apoyan en ellos, además de los esfuerzos que el peso de los mismos muros genera. Para calcular el espesor de los muros, se debe tener en cuenta la relación entre el peso que soportan y la capacidad de trabajo de los materiales que los componen. La distribución de fuerzas en un muro de carga se realiza de forma vertical, de arriba hacia abajo, aumentando con el peso del muro hasta llegar a su base.

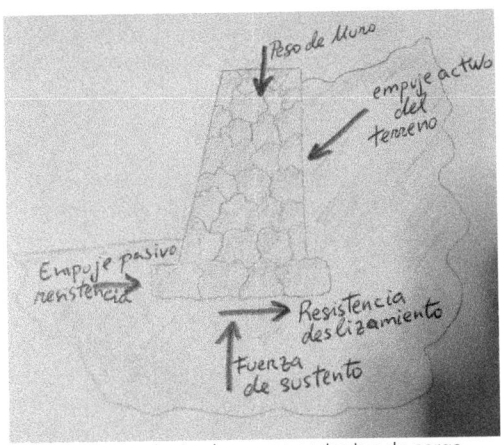

Comportamiento de muros portantes de carga

Espesores en muros de contención.

Los muros de contención son un tipo de estructuras rígidas utilizadas para retener algún material, generalmente tierras, evitando que invadan alguna superficie que se necesita que permanezca libre de esos materiales. El ejemplo más claro del uso de los muros de contención se encuentra en los taludes de las carreteras, donde se utilizan para detener masas de tierra u otros materiales sueltos. El principal tipo de muros de contención en el que se emplea la mampostería de piedra se denominan muros de gravedad, tienen normalmente un perfil de muro inclinado (más grueso por abajo, menos grueso por arriba) y dependen principalmente de su propio peso estructural para asegurar la estabilidad.

3.7. Alineación y nivelación. Planeidad y aplomado.

Al realizar muros, tabiques, cerramientos y, en general, cualquier obra de fábrica, hay que fijarse en que se cumplan una serie de propiedades que determinan si estas fábricas están bien ejecutadas o no. Estas propiedades a cumplir son:

– La alineación, que tiene como objetivo que los muros, tabiques, etc., no se salgan del dibujo del plano marcado por el replanteo.

– La nivelación, que tiene como objetivo que las hiladas estén construidas en forma horizontal, es decir, paralelas a la línea horizontal que marca el horizonte.

– La planeidad, que tiene como objetivo que los paramentos presenten una superficie lisa y plana, sin resaltes ni rehundidos que puedan apreciarse a simple vista al mirar los paramentos lateralmente.

– El aplomado, que tiene como objetivo que el muro esté construido perfectamente vertical.

Herramientas.

Las herramientas que se utilizan para el aplomado y la nivelación de los muros de mampostería o de cualquier tipo son las que se describen a continuación.

Nivel de burbuja.

Nivel de burbuja para aplomar y nivelar

Es un instrumento de medición utilizado para determinar la horizontalidad o verticalidad de un elemento, según se posicione.

Manguera de nivel.

Herramienta muy simple formada por un tubo de PVC transparente que se llena de líquido y que sirve para pasar puntos de nivel.

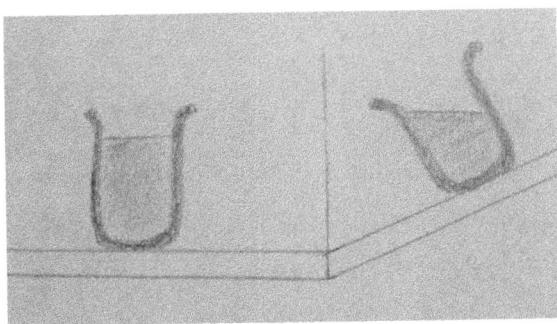

Nivelación de un líquido

Plomada.

Plomada utilizada para aplomar y realizar comprobaciones

Es una pesa de plomo o de otro metal, cilíndrica o cónica, colgada de una cuerda. En la parte superior tiene una chapa o pieza de madera, por cuyo centro pasa el hilo.

Miras o reglas.

Piezas metálicas o de madera, de sección cuadrada o rectangular y de longitud variable, que se usan en albañilería como apoyo para diversos trabajos. Colocadas verticalmente, sirven como ayuda para la construcción de un muro.

Hilos o cordeles.

Hebra larga, delgada y flexible que se obtiene al entrelazar o hilar fibras textiles de cualquier origen. El objetivo del hilado es transformar las fibras individuales en un hilo continuo cohesionado y manejable.

3.8. Tolerancias.

Las tolerancias dimensionales en arquitectura determinan un rango de valores permitidos para las desviaciones estructurales que puedan producirse una construcción. En cada proyecto de obra, se deberá adoptar y definir el sistema de tolerancias admitidas, que se recogerán en el pliego de prescripciones técnicas particulares.

Utilización de anclajes

4. Utilización de anclajes en la colocación de mampuestos.

Los anclajes son unos conectores, generalmente metálicos, que sirven para afianzar un elemento de fábrica con cualquier otra estructura, normalmente de hormigón armado, de acero o también de fábrica. Existen diferentes tipos de anclajes según los elementos a enlazar y se emplean para evitar que se transmitan esfuerzos no deseados (producidos por movimientos de la fábrica o de la estructura), que puedan producir el agrietamiento de la fábrica.

– Anclajes de conexión empotrados (sin libertad de movimiento). Se emplean cuando se pretende una unión lo más rígida posible entre los dos elementos a conectar entre sí. Para conectar fábricas con estructuras de hormigón, se suelen usar como anclajes aceros corrugados fijados con algún tipo de adhesivo químico.

– Anclajes de conexión con libertad de movimiento. Se emplean entre muros de carga y otros elementos, cuando se pretende que no se transmitan los esfuerzos que sufre cada uno, por separado, al otro elemento.

– Definición de arriostrar: colocar piezas en forma oblicua o diagonal en los rectángulos de una armazón o estructura a fin de asegurarla y darle mayor estabilidad.

4.1. Enjarjes, aparejos y encuentros, Traba y llaves.

Para que un muro de cualquier tipo sea estable y resistente, la obra de fábrica que lo compone no puede ser un conjunto de piezas dispuestas una al lado de la otra sin ningún orden. Un muro ha de trabajar como una sola pieza, es decir, debe ser un conjunto monolítico.

5. Aparejos.

Como se ha dicho, en un muro no se coloca cada pieza de material encima de otra de cualquier manera, sino que se disponen de tal forma que queden bien trabadas entre sí, haciendo que cada pieza de una hilada descanse sobre dos o más de la hilada anterior, colocándolas de forma que las juntas verticales de una hilada no coincidan con las inmediatas inferior y superior. A esa forma de disponer el material que forma la obra de mampostería se le llama aparejar y a la posición que ocupa cada una de las piezas se le llama aparejo.

– Regular: el que se compone de piezas bien escuadradas, como por ejemplo los sillares, colocándose las piezas de forma homogénea y con regularidad. Es el tipo de aparejo que se usa generalmente en sillería.

– Irregular: el que está formado por piezas de formas y dimensiones variadas, con piedras relativamente pequeñas que se pueden ir colocando a mano. Es el tipo de aparejo que se usa generalmente en mampostería de piedra.

Muro de mampostería ordinaria

– Aparejo ordinario: cuando se trabaja con piedras poco trabajadas, cuando no es necesario prestar mucha atención en el acabado del paramento, resultando fábricas muy bastas.

– Aparejo en seco: si no tiene ningún tipo de mortero que cohesione la fábrica.

– Aparejo careado: cuando está compuesto por mampuestos irregulares pero la cara del muro se presenta con las juntas de las piedras bien enrasada.

– Aparejo concertado: cuando se trabaja con piedras más homogéneas que ajustan bien entre ellas.

– Aparejo poligonal: cuando el aparejo es irregular, pero formado por piedras en el paramento con forma de polígonos contiguos.

– Aparejo ciclópeo: cuando se trabaja con grandes piedras con figuras redondeadas o esquinadas, sin que se ajusten las superficies de unas con otras. Normalmente, este aparejo se realiza en seco con el auxilio de máquinas para el movimiento de las piedras.

5.1. Traba y llaves.

Las uniones entre muros distintos constituyen puntos singulares, dentro de una edificación, que tienen mucha importancia estructural, por lo que es necesario realizarlas adecuadamente. En general, todos los muros de un edificio, tanto los que tienen funciones de carga como de arriostramiento, deben trabajar juntos a la hora de soportar esfuerzos mecánicos, por lo que habrá que garantizar su traba en las zonas de unión para evitar fisuras entre ellos.

La traba correcta entre muros y riostras debe hacerse en cada hilada para conseguir un empotramiento perfecto entre ambos, adentrando alternativamente las piezas de un muro dentro del otro.

Las llaves utilizadas en las juntas de movimiento tendrán uno de sus extremos recubierto por una funda de plástico, de forma que por ese lado no se adhiera al mortero y así permitir el movimiento horizontal de esa parte del muro.

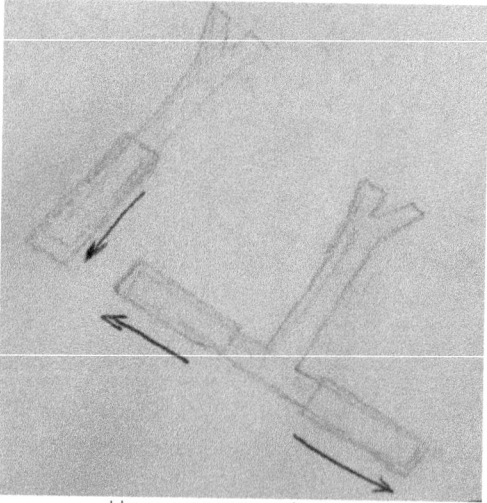

Llaves para amarre de muros

5.2. Relleno con ripios.

En las mamposterías ordinarias o en seco, la forma de las piedras de las que se componen muchas veces no permite el asentamiento correcto de estas en el mortero o entre ellas, dejando huecos que es necesario rellenar. Para el relleno de estos huecos y para acuñar los mampuestos hasta conseguir la posición conecta que se busca, se usan pequeñas piedras llamadas ripios.

5.3. Mampostería enripiada.

Las fábricas de mampostería enripiada son la clase más simple de la mampostería ordinaria. Se realizan asentando en una buena torta de mortero, para darles equilibrio, piedras grandes hasta completar la hilada, sin preocuparse por los huecos que vayan quedando entre ellas, para inmediatamente rellenar el paramento y el interior del muro, de pequeñas piezas que van clavadas y acuñadas con el mismo mortero. El paramento de estas fábricas se remata dejando las caras más planas de las piedras hacia el exterior o bien escafilando posteriormente el paramento para desbastar los ripios que sobresalgan.

5.4. Uso de ripios en otro tipo de mampostería.

En los diferentes tipos de mampostería, está permitido el uso de ripios, pero con algunas limitaciones que es necesario especificar:

– Mampostería en seco: se pueden emplear ripios para acuñar los mampuestos y rellenar los huecos entre ellos.

– Mampostería ordinaria: únicamente se admitirá que aparezca el ripio al exterior si la fábrica va a ser posteriormente revocada.

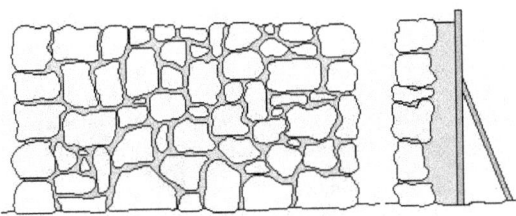

Mampostería ordinaria

– Mampostería careada: en el interior de los muros pueden emplearse ripios, pero no en el paramento visto.

– Mampostería concertada: no se admite el empleo de ripios.

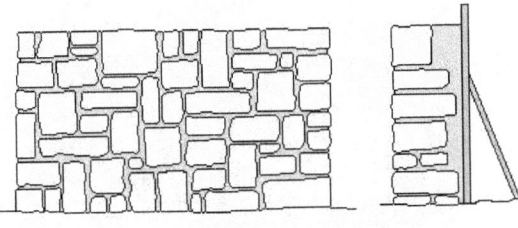

Mampostería concertada

5.5. Esquinas.

La esquina de un muro es simplemente el encuentro de dos alineaciones en un punto que es común en ambas. Como ya se refirió, las piedras a utilizar en la formación de esquinas deben ser del mayor tamaño posible y algo labradas, para conseguir que los paramentos de los paños de fábrica que se encuentran en ese punto se definan perfectamente, pues la esquina es la referencia que marcará la planeidad de los muros.

5.6. Ejecución de esquinas.

Para este elemento constructivo, no existen normas que delimiten o marquen su composición, sin embargo, se deberá vigilar que las piedras empleadas sean las más grandes y con forma lo más rectangular posible, exenta de grietas o deficiencias que disminuyan su resistencia, debiendo rechazarse piedras con caras redondeadas o boleadas. La posición de colocación de las piedras será transversal, intercalando las piedras de mayor y menor tamaño. Los espacios entre las piedras se rellenarán con otras más pequeñas.

6. Huecos. Ventanas y puertas.

En un sistema formado por muros de cualquier tipo, la parte maciza siempre es la que predomina en el conjunto. Sin embargo, si estos sistemas forman parte estructural de un edificio, es necesaria la abertura en ellos de huecos funcionales que faciliten el acceso entre los diferentes habitáculos, si es un muro divisorio entre compartimentos, o la entrada de luz y aire, si el muro forma parte de la fachada.

6.1. Formación de huecos.

Al practicar un hueco en un muro macizo de piedra, se están desviando las cargas verticales que sufre el muro hacia los extremos, provocando una sobrecarga en esos puntos que pone en riesgo la seguridad estructural del edificio. Esta sobrecarga puede producir el hundimiento de la zona expuesta y, por consiguiente, de las plantas superiores, si no se utilizaran en la ejecución del hueco los elementos necesarios para la formación de un arco de descarga o la construcción de elementos, llamados jambas y dinteles, que realizan la misma función que el arco en los huecos. Estos elementos ayudan en la transmisión natural de las cargas hacia los puntos laterales del muro sin poner en peligro la seguridad estructural.

Casa con mampostería, y puerta piedra

Elementos de un hueco.

Los elementos que constituyen o forman un hueco en un muro o pared de cualquier tipo son los que se describen a continuación.

Dinteles.

Son los elementos horizontales colocados sobre los huecos practicados para puertas y ventanas que tienen la misión de transmitir los esfuerzos que reciben de las partes superiores del muro que sustentan a los apoyos. El apoyo de los dinteles debe ser lo suficientemente ancho como para absorber y trasmitir estos esfuerzos.

Arcos.

Son un recurso estructural usado desde la antigüedad. El arco transmite las cargas que recibe hacia los laterales de los huecos por medio de la disposición geométrica de sus elementos, llamados dovelas, más que por la resistencia de los mismos. La estructura de arco hace que todos sus elementos trabajen a compresión, al contrario que los dinteles, que trabajan a flexión, transmitiendo los esfuerzos que reciben a los soportes en forma de empujes laterales, a diferencia de los dinteles, que no transmiten empujes laterales, sino verticales, a los apoyos.

Puente de piedra roja. Ingenio, Barranco del draguillo.

Jambas.

Son las dos caras o lados macizos de un hueco practicado en la pared. Las jambas transmiten y sostienen las cargas del dintel que descansa sobre su parte superior. Cuando el hueco esté ubicado en un muro de carga, el ancho de la jamba debe llevarse hasta los niveles de la cimentación o del forjado donde se apoya, aunque se trate de una ventana.

Antepecho.

Es la parte maciza inferior del muro donde se ubica el hueco de una ventana. El antepecho se realiza de los mismos materiales y con el mismo ancho que el resto del muro, aunque no soporta ninguna carga estructural.

6.2. Huecos en muros de piedra.

Por las características de trabajo frente a los esfuerzos mecánicos que tienen los materiales pétreos, a la hora de realizar un hueco en un muro de piedra, se encuentra el problema de la luz (distancia entre jambas) en el vano del hueco. Por la poca eficacia de la piedra ante los esfuerzos de tracción, es imposible emplear dinteles de piedra de una sola pieza en huecos de luces grandes, por el considerable tamaño y peso que tendrían, por lo que normalmente se recurre al empleo de dinteles de otros materiales o al empleo de arcos de descarga.

Arco adintelado.

El adintelado es un arco que no tiene curvatura, con flecha nula, es decir, que es casi horizontal, compuesto por varias piezas, llamadas dovelas, labradas oblicuamente por los lados de las juntas y que, al colocarse unas junto a otras, realizan la misma función que un arco convencional, transmitiendo las cargas por compresión en lugar de hacerlo por tracción como los dinteles.

Como ejemplo, en el edificio de piedra de la imagen siguiente, se aprecia el dintel de la portada realizado a modo de arco adintelado, compuesto por dos grandes piedras laterales y la dovela central labrada en forma de cuña (clave), que es la encargada de transmitir las presiones a los laterales.

Puente realizado en piedra roja de Tamadaba. Jardín Canario – Gran Canaria

6.3. Unión con tabiques y forjados.

En la construcción de edificios, se combinan los muros de carga, de gran espesor y fortaleza, con la ejecución de cerramientos interiores, de menor grosor y generalmente de materiales cerámicos ligeros, llamados tabiques, que tienen la misión de compartimentar o dividir las diversas estancias de la vivienda.

Asimismo, en los muros de carga se apoyan las estructuras horizontales que forman el techo y el suelo de las diferentes plantas de la vivienda, así como la base que sustenta el tejado o cubierta. A estas estructuras se las llama forjados.

6.4. Unión de muros de carga con tabiques.

Los muros de cerramiento de una vivienda ya sean de carga o de arriostramiento, deben ejecutarse al mismo tiempo para un perfecto acoplamiento entre ellos, por lo que se puede considerar que no hay unión sino continuidad entre los muros.

6.5. Unión de muros con forjados.

Una vez levantados los muros de cerramiento hasta la altura indicada para la planta de vivienda, se procede a la construcción del forjado, que se apoyará en los muros de carga. Esta unión muro de carga y forjado es muy importante y por ello, debe ejecutarse correctamente.

En los muros encargados de recibir el peso del forjado, se dejará transcurrir el tiempo suficiente desde la terminación del muro hasta la carga de los elementos que componen el forjado y su posterior hormigonado, para que la resistencia mecánica del mortero sea suficiente para soportar las cargas del forjado.

6.6. Resolución de encuentros: con otros materiales, con otros elementos constructivos y con otras tipologías constructivas.

Al construir muros de mampostería, es inevitable que se produzcan encuentros con materiales completamente distintos en su naturaleza, tamaño y forma de aplicación en obra. Ya se han visto detalles de la unión de los muros de piedra con materiales cerámicos al construir tabiquerías y con hormigones y vigas al realizar forjados.

Fábricas de Piedra

1. Introducción.

La piedra en bruto, tal como sale de las canteras, en cuevas o se encuentra en la naturaleza, fue de los primeros materiales de construcción que el hombre empleó para procurarse cobijo.

– Yacimiento de las Cuatro Puertas de Telde.

Al ir evolucionando, la forma de pensar del hombre primitivo también cambió y ya no se conformó con construcciones de piedra basta. Intentó agasajar a los dioses con templos grandiosos y demostrar el poderío de sus reyes con palacios magníficos, que todavía asombran. Fue entonces cuando empezó a trabajar la piedra y cuando nació uno de los oficios más antiguos del hombre: La cantería.

De las canteras, empezaron a salir piedras de todo tipo tratadas para fines constructivos o escultóricos y, entre ellas, la que ha servido para levantar más edificios, monumentos e iglesias o templos en todo el mundo, en regiones separadas miles de kilómetros entre si, pero con características similares en las técnicas empleadas para su producción y manejo: el sillar.

El sillar, como material de construcción, ha tenido y tiene una gran importancia en la arquitectura. Se encuentra en prácticamente todas las construcciones monumentales de Europa, principalmente, y del resto del mundo, a lo largo de la historia.

2. Construcción de fábricas de piedra.

Recordando lo visto en capítulos anteriores, las fábricas de piedra son elementos constructivos que se realizan con piezas de piedra aparejadas, en seco o con mortero, que tienen buena resistencia mecánica a los esfuerzos de compresión. Estas fábricas se pueden realizar con diferentes materiales pétreos, que se diferencian por su presentación en obra. Se consideran, para este manual, tres tipos básicos de piezas pétreas para fábricas, según el grado de labra y tamaño:

– Mampuesto:

Piedra tosca, sin labra o un poco labrada a una cara, que se maneja sin ayuda mecánica.

Colocación de mampostería en vivienda

– Perpiaño o Tocho:

Piedras labradas, presentando las esquinas vivas, de forma más o menos de paralelepípedo y regularmente trabajadas, o con corte mecanizado y de formas muy regulares.

Bloque de piedra cortados perpiaño

– Sillares: piedras muy trabajadas en todas sus caras, normalmente en forma de paralelepípedo, aunque pueden adoptar otras formas según la función que desempeñen en la obra (dovelas para arco, piezas para pilares, etc.).

– Entrada Realizada con sillares de piedra de San Lorenzo – Jardín Canario.

2.1. Condiciones de ejecución.

Las fábricas de piedra labrada son todos los muros o paredes que se realizan con sillares o piezas de cantería que están labradas al menos en cinco lados, en el caso de los sillares, en que, en ocasiones, se deja sin labrar la cara opuesta al paramento, o en los seis lados, en el caso de los perpiaños, que quedan vistos en los dos lados del muro (trasdós e intradós).

Correcta colocación de sillares de piedra

En construcciones donde se coloquen los sillares a hueso, sin mortero, se debe tener la precaución de hacer los lechos del sillar ligeramente cóncavos, con su perímetro algo sobresaliente, para que los sillares carguen sobre el borde y no sobre un punto central del lecho del sillar.

Para asentar una hilada sobre otra, se usará mortero bastardo de cemento y cal. Se pondrá una buena torta de mortero y se asentará el sillar sobre él. La junta de mortero entre sillares marca la calidad de la fábrica de sillería, de manera que, cuanto más fina es, más calidad tiene la fábrica.

Protección de la fábrica durante la ejecución.

La fábrica de sillería o tochos deberá protegerse durante su construcción. Hay que evitar que la lluvia caiga directamente sobre ella hasta que el mortero esté lo suficientemente endurecido o haya fraguado por completo. Para ello la fábrica se cubrirá con plásticos, en caso de lluvia, para evitar el lavado de los morteros frescos, que provoca la erosión de las juntas, y también la acumulación de agua en el interior del muro.

Protección de la fábrica una vez terminada.

Las fábricas de piedra natural son muy vulnerables frente a los agentes atmosféricos, que provocan su deterioro:

– Lluvia: la lluvia afecta tanto física como químicamente a la piedra. La lluvia produce en las fábricas erosión y, a la vez, su capacidad de transporte de los materiales erosionados produce la descomposición y oxidación de los minerales presentes en la piedra.

– Heladas: el agua que contienen internamente las piedras puede congelarse y producir fisuras en la piedra al expandirse.

– Viento: el arrastre de partículas sólidas por el viento y el choque contra las fábricas produce abrasión y desgaste en los materiales pétreos.

– Vegetales: los materiales orgánicos, como líquenes o musgo, en contacto con humedad o agua de lluvia, pueden producir el comienzo de un proceso bacteriológico, provocando la descomposición en la piedra.

2.2. Secuencia de los trabajos.

El trabajo con fábricas de sillares y de perpiaños generalmente se integra dentro del proceso de construcción de los edificios, quedando condicionado, por tanto, a las exigencias que se presentan en este, aunque a veces puede realizarse de forma aislada para cerramientos de patios o solares, sobre todo en los muros de perpiaños.

En todo caso, es necesario contar con una cimentación que soporte el peso de la construcción y cualquier sistema de cubierta que impida su degradación, protegiendo la fábrica de las inclemencias ambientales a las que se halle expuesta.

Replanteo.

Se trata de las labores de trazado y disposición de los muros, determinando su espesor, alineación, etc. El primer replanteo se realiza sobre el terreno, marcando en ese caso la distribución de las cimentaciones, para, una vez ejecutadas estas, proceder al replanteo de muros, tabiques de distribución del edificio, marcando las luces o distancias entre muros de carga y los muros de arriostramiento que sostengan los muros principales

La perfecta disposición y estado de las cimentaciones es condición indispensable para levantar las fábricas de cantería sobre ellas, considerando el peso de los materiales en este tipo de fábricas que deberán soportar las cimentaciones.

Acopio de materiales, útiles y medios.

Los sillares y los perpiaños se deben acopiar en obra con el máximo cuidado, para que no resulten dañadas sus aristas al moverlos o amontonarlos. El acopio del material paletizado ayuda a prevenir estos daños.

Piedra antigua paletizada

Disponer los andamios necesarios.

Los andamios necesarios para realizar fábricas de sillería y perpiaños pueden ser muy complejos, debido a que las operaciones de movimiento de piedras labradas en altura son complicadas y exigen en los andamios unas características altas de firmeza, resistencia y seguridad.

Elevación del material.

Los sillares y perpiaños son elementos de mucho peso y volumen y no son aptos para trabajarlos solo con la fuerza del operario. Hoy en día, existen medios de elevación capaces de colocar los elementos con gran exactitud en el sitio dispuesto para ellos, sin importar la altura de colocación.

Asentar los sillares.

La acción de asentar los sillares se denomina normalmente bornear. Se colocan en su situación lo más exactamente posible, sobre una capa de mortero y apoyados en cuñas de metal desmontables, que después del fraguado del mortero se retiran.

2.3. Longitud y espesores.

El espesor de los muros en las fábricas de perpiaño siempre será el ancho de la pieza con la que se trabaje, pues este material siempre se coloca a soga. En las fábricas de sillerías, los espesores generalmente están determinados por la colocación que se realice con los sillares. Así, según el tipo de aparejo o de muro que se esté realizando, será el grueso de este.

Tipos de muros.

Se pueden considerar para sillería, los siguientes tipos de muros:

– Muro de una hoja a soga: Es el muro más común y está formado por sillares solapados y trabados en todo su espesor, mostrando al paramento la cara mayor o soga. En este tipo de muro, el espesor está determinado por la longitud del tizón de la pieza.

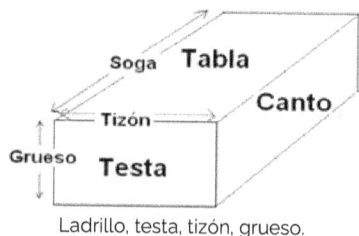

Ladrillo, testa, tizón, grueso.

Muro de una hoja a soga

– Muro de una hoja a tizón: formado por sillares solapados y trabados en todo su espesor, mostrando al paramento la cara menor o tizón. El espesor del muro lo determina la longitud mayor del sillar o soga.

– Muro doblado: formado por dos hojas de muro colocadas a soga, formando una pared doble continua, unidas con llaves, conectores o armaduras de tendel, para que trabajen como un solo muro. El espesor en este tipo de muro lo determinará la suma de los tizones de las dos piezas más la junta que quede entre las dos.

– Muro capuchino: formado por dos muros de una hoja, paralelos y colocados a soga, separados por una cámara de aire que suele ocuparse con algún tipo de aislante térmico y acústico. Estos muros deben estar conectados con llaves metálicas.

– Muro de relleno: formado por dos hojas paralelas, separadas entre sí y enlazadas con llaves, conectores o armaduras del tendel. La fábrica completa no es de sillería, sino solamente los paramentos vistos, rellenándose la cámara que queda entre las dos hojas de sillares de hormigón o de ripio con mortero, de modo que quede un conjunto macizo.

2.4. Alineación y nivelación. Planeidad y aplomado. Tolerancias.

Ya se vio en qué consistía cada una de las características que forman el título de este apartado. Los muros de mampostería y los de sillería y perpiaño, al tratarse de muros de fábrica de distinta composición en sus materiales, pero de similares características técnicas, deben cumplir los mismos requisitos, debiendo respetarse la alineación en los muros, la nivelación de todas las hiladas, la planeidad de los paramentos y el aplomado de todo el conjunto de la fábrica.

2.5. Utilización de anclajes en la colocación de sillares y perpiaños.

Tradicionalmente, las fábricas compuestas por elementos pétreos ya sean de mampostería, de sillares o perpiaños, realizaban la tarea de muros de sustentación o de carga, de cerramiento y de muros de arriostramiento combinados en el mismo edificio. Hoy en día, con la utilización general de las estructuras porticadas de hormigón armado, las fábricas han pasado a desempeñar, principalmente, una función de cerramiento de edificios.

2.6. Enjarjes, aparejos y encuentros. Traba y llaves.

Los enjarjes en muros de sillería y perpiaño responden a las características de cualquier muro de material cerámico o de hormigón que posea unas medidas regulares. Los aparejos tradicionales utilizados en sillería son muy variados, siendo el aparejo a soga el que más se utiliza en la actualidad, en el caso de los perpiaños casi el único.

2.7. Enjarjes entre muros.

Es condición que deben cumplir todo tipo de muros que su ejecución se realice a la vez en toda su longitud y, si están asociados muros de carga y arriostramiento, deberán levantarse todos a la vez. Esta condición, de cumplirse en todos los casos, proporcionaría estructuras completamente seguras.

Los enjarjes entre muros de sillería y de perpiaños son más fáciles de realizar que con los mampuestos, ya que presentan formas y medidas regulares, por lo que los tendeles están al mismo nivel en los distintos muros. Para realizar enjarjes, se procederá principalmente de dos formas distintas:

1. Dejando las hiladas escalonadas para seguir posteriormente con la ejecución del muro.

Muro escalonado

2. Dejando en cada hilada adarajas y endejas alternativamente, para la conexión posterior del otro muro.

Muro adarajas

2.8. Aparejos y encuentros.

Los aparejos en las fábricas de sillería, al igual que en todos los tipos de fábricas, marcan la distribución de las piezas que componen los muros, marcando el espesor y los encuentros entre los diversos elementos estructurales que componen un edificio.

Aparejos.

En una primera clasificación, se consideraban dos tipos principales de aparejos, según la regularidad que presentan las distintas hiladas, debido al tamaño y tipo de los sillares:

– Aparejo a soga: los sillares aparecen en la cara vista del paramento por su lado de más longitud o soga.

– Aparejo a tizón: los sillares aparecen en la cara vista del paramento por su lado más corto o tizón.

-Aparejo a soga y tizón: los sillares aparecen en el paramento exterior alternativamente por su soga y tizón.

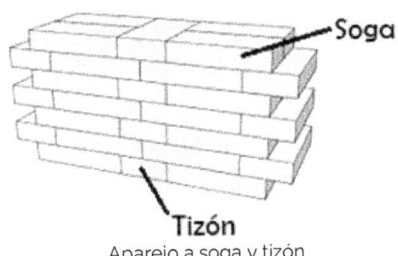
Aparejo a soga y tizón

– Aparejo almohadillado: en este, los sillares no presentan una superficie uniforme, los frentes se destacan de modo que resalte la unión de los mismos. Pueden presentarse de diversas maneras según el labrado de los sillares.

Encuentros.

Los encuentros entre fábricas, como ya se dijo anteriormente, dependen en gran manera del tipo de aparejo que se utilice para la composición del muro. Cada uno de ellos, por la distinta distribución de las piezas, se presentará con distinto replanteo de estas.

Encuentro entre muros en paño central.

Para realizar el encuentro entre dos paños de muro, en la zona central de uno de ellos, el replanteo de las piezas es fundamental para conseguir que los solapes entre ellas sea el correcto.

2.9. Traba y llaves.

Trabas.

Las trabas en las fábricas se realizan con el propio solape que proporciona el aparejo con que se disponen las piezas que las componen.

Llaves.

Se pueden considerar, como elementos que realizan la función de conectar dos paños de fábrica distintos o dos hojas independientes de una misma fábrica, dos tipos distintos de llaves según el material del que se componen: Llaves en fábricas de sillería.

Para sillería, se utilizan tres tipos principales de llaves que realizan funciones de conexión distintos.

Las que unen las dos hojas de un mismo muro.

Cuando se realizan muros doblados de sillería con aparejo a soga en las dos caras del muro o cuando el espesor del muro es demasiado grande. En estos casos, se pueden usar llaves formadas con el mismo material de la fábrica que se esté realizando, utilizando sillares colocados a tizón que aten las dos hojas del muro, si el ancho del muro lo permite, o con llaves o conectores de acero colocadas en el tendel, atravesándolo en su totalidad.

Las que unen dos fábricas distintas e independientes.

Es el caso de muros de sillares que cuentan con cámara de aire o capuchina, que realizan la función de aislante térmico y acústico. En estos casos, se utilizan llaves metálicas provistas de un doblez en el centro que servirá de goterón en el caso de que se produzcan humedades por condensación, para que estas no se trasmitan a los paramentos de las fábricas.

Las que unen entre sí los sillares de una misma fábrica.

Es el caso de llaves que se introducen por medio de taladros en los sillares consecutivos de una hilada para conectarlos. La conexión se realiza en la cara superior de los sillares, quedando sumergida en el tendel de la hilada superior.

Llaves en fábricas de perpiaño.

En las fábricas de perpiaño, las llaves se utilizan mayoritariamente para la conexión de juntas de movimiento y para la unión del muro de cerramiento con el tabique interior en muros capuchinos, con las características descritas anteriormente.

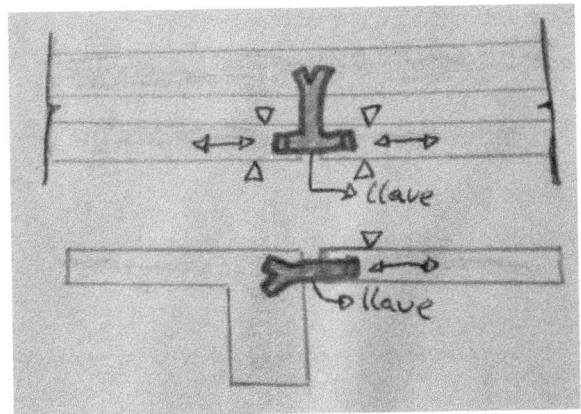
Llaves para amarre de muros ya colocadas

2.10. Esquinas.

Las esquinas en la elaboración de fábricas de sillería y perpiaño son muy importantes, no solo por la función estructural que cumplen como punto de unión entre fábricas, sino también porque son la referencia en el replanteo de las restantes piezas que integran los muros y, además, forman las aristas verticales que referencian la planeidad de los paramentos.

2.11. Huecos. Ventanas y puertas.

Los elementos que entran a formar parte de la estructura de una ventana o de una puerta son los que ya se han visto, cumpliendo las mismas funciones en cualquier tipo de fábrica que se realice, ya sea de mampostería, de sillería o de elementos cerámicos.

Donde se hará más hincapié es en las resoluciones que se producen en las jambas de huecos de ventanas o puertas, determinadas por el tipo de muro que se esté construyendo, pues hay ciertas diferencias en el espesor y en la traba en cada uno de ellos.

2.12. Elementos constructivos que forman ventanas o puertas.

Los elementos que constituyen o forman un hueco en un muro o pared de cualquier tipo son los siguientes:

– Dinteles: elementos horizontales que absorben los esfuerzos que se producen en las partes superiores de los huecos de un muro.

– Arcos: elementos que transmiten las cargas hacia los laterales de los huecos por la disposición geométrica de sus elementos, más que por la resistencia de los mismos, trabajando fundamentalmente a compresión.

– Jambas: las dos partes macizas laterales de orientación vertical, que forman un hueco practicado en la pared para una ventana o puerta, trasmiten los esfuerzos y las cargas del dintel que descansa sobre su parte superior.

– Antepecho: parte inferior del hueco de una ventana, realizado con el mismo material de la fachada.

2.13. Jambas en huecos según el tipo de muro.

Como se vio anteriormente, en las fábricas de sillería y perpiaño se pueden considerar cuatro tipos de muros de constitución diferente, sobre todo en el espesor: muro de una hoja, muro doblado, muro con cámara de aire y muro relleno. En cada uno de ellos, al formar la jamba de un hueco, se debe recurrir a una disposición diferente de las piezas para cubrir el espesor del muro con la traba necesaria para garantizar el buen funcionamiento de la estructura.

Jambas en muro de una hoja.

Dentro de los muros de una hoja, se pueden diferenciar dos tipos, según la disposición del aparejo de la fábrica, cuyo espesor está marcado por sus propias medidas: aparejo a soga, en el que el espesor es el tizón de la pieza, y aparejo a tizón, en el que el espesor lo marca la soga de la pieza.

Jambas en muro.

Los muros doblados se forman generalmente con dos hojas de sillares de la misma medida colocadas una junto a la otra y combinando el aparejo a sogas y a tizones. En este muro, el espesor lo determina el tizón del sillar. Las jambas, por lo tanto, tienen el espesor de este y la traba de las piezas se realiza según el aparejo.

2.14. Unión con tabiques y forjados.

Los muros de sillería y de perpiaños, al igual que los de mampostería, se combinan en edificación con los cerramientos interiores, generalmente de materiales cerámicos ligeros o tabiques, que tienen la misión de compartimentar o dividir las diversas estancias de la vivienda.

2.15. Unión con tabiques.

Al realizar los cerramientos interiores de una vivienda, cuyo cerramiento exterior se ha levantado con sillerías anteriormente, se deben dar los pasos necesarios para conseguir una buena unión entre ambas fábricas, considerando la diferencia de las características de los materiales que se utilizan en su realización.

Repaso de Conceptos

1. Introducción.

La piedra natural es un material de construcción utilizado desde el comienzo de las civilizaciones. Sustituyó a materiales más débiles y en la construcción de viviendas en regiones donde predomina su presencia natural se ha llevado a su máxima expresión y explotación en elementos constructivos. Su resistencia, durabilidad en el tiempo, diseño, valor ornamental y coste son los parámetros a tener en cuenta para seleccionar la piedra como material de construcción.

Poco a poco ha ido evolucionando la forma constructiva, por lo que otros materiales han relegado a la piedra natural a cubrir necesidades de ornamentación y decoración, revestimientos de elementos verticales y horizontales de forma superficial. Pero el auge del mantenimiento y recuperación del patrimonio histórico, así como un reducido impacto ambiental, la ha rescatado del olvido frente a los materiales modernos como el hormigón y el acero.

Cruz de la Iglesia de Arucas ya colocada en su lugar, en lo alto de la fachada principal

2. Un repaso de conceptos.

La obra de fábrica se realiza con materiales pétreos unidos entre sí de un modo determinado o disposición llamada aparejo. Existen distintos tipos de obra de fábrica: de mampostería, de sillería, de sillarejo, y de ladrillo.

– Curso de mampostería año 2016, impartido por Adolfo Armas Luján

Las fábricas de mampostería y sillarejo han quedado relegadas a usos ornamentales o de rehabilitación. Actualmente se utilizan las fábricas de material cerámico o ladrillo, más rápidas de ejecutar y con material menos costoso. Las fábricas de mampostería se realizan con trozos de piedra sin labrar casi tal como se extraen de la cantera. Estos trozos son los que se llaman mampuestos.

La sillería es el mampuesto labrado de forma regular para que se asemeje a un paralelepípedo. Las dimensiones de los sillares son muy variables y normalmente tienen uno de sus cantos plano para que el aspecto de terminación de la fábrica pueda realizarse a cara vista.

– Labrante labrando una losa a mano – labrArte – Arucas.

La única diferencia entre mampuesto y sillería radica en que mampuesto quiere decir puesto con la mano, así pues, para colocar un mampuesto solo es preciso un operario, y, sin embargo, para un sillar se tendrá que buscar ayuda manual o de máquinas por sus dimensiones o peso extra.

Un sillar de labra exige que la piedra natural presente una serie de características:

- Exigencias físicas de dureza, pero de fácil labra que tengan adherencia a morteros y que no sean heladizas. Esto implica que tenga baja porosidad.

- Exigencias mecánicas a compresión mínima de 500 kg/cm2.

- Exigencias químicas para resistir las acciones adversas de agentes atmosféricos.

Algunas características de piedras naturales son las siguientes:

- Los granitos son muy resistentes mecánicamente lo que hace difícil su labra.

Las calizas y tobas compactas dan buena labra y resistencia mecánica, aunque son débiles químicamente.

- Las areniscas tienen buena labra y adherencia al mortero, pero poseen alta porosidad lo que las hace heladizas, esto es, que poseen pequeños huecos por donde penetra el agua que acelera el proceso natural de descomposición de la piedra.

Las piedras silíceas poseen gran resistencia química, son duras y poco adherentes a morteros.

Un perpiaño también puede ser un tipo de arco apuntado que se emplea en las bóvedas y cuya función es la de concentrar empujes estructurales. Se integra dentro de la bóveda, pero se resalta a modo de nervio o cincho.

2.1. Colocación de elementos singulares. Procesos y procedimientos operativos.

Operaciones básicas necesarias y precisas para la construcción de fábricas con mampuestos o sillares.

1. El procedimiento se inicia con la limpieza de la zona de tajo de obra para comenzar los trabajos con el replanteo. El replanteo se hace dependiendo del elemento a ejecutar: desde la colocación de los hilos para levantamiento de paramentos, pasando por elementos de cimbrado, hasta la utilización de monteas o plantillas.

2. Presentar al replanteo alguna pieza clave para el comienzo. Se riega el lecho base con agua en caso de que se utilice algún aglomerante de unión entre las piezas.

3. Extender una capa de mortero fino. Sobre esta capa se deja caer el mampuesto, sillar o sillarejo. La pieza descansará sobre cuñas colocadas en los extremos de forma que se puedan retirar.

4. Tanteo con el nivel de la pieza en todas sus caras para conseguir una completa horizontalidad.

5. Golpear con martillo repetidas veces conservando la horizontalidad de manera que salte el mortero ajustándose al ancho de cuña.

6. Así se van colocando las piezas de la primera hilada. Para siguientes hiladas se tendrá cuidado de que las llagas caigan próximas al centro del elemento inferior.

7. Las llagas se rellenan con mortero y paleta. Se rehundirán las juntas mientras el mortero sigue fresco dependiendo de la terminación que se quiera dar a la junta.

8. La fábrica recién ejecutada se limpia en toda su superficie y se protege frente a inclemencias del tiempo con plástico u otros elementos. Se riega al día siguiente y se quita todo el material sobrante.

9. Una vez terminado el elemento constructivo se prepara para ser revestido o se da un tratamiento de terminación para dejarlo a cara vista.

10. Se recoge, se limpia y se protege, en caso necesario, el tajo para su entrega.

2.2. Arcos, dinteles.

Son elementos estructurales que permiten soportar cargas sobre huecos o claros abiertos en fábricas o sobre pilares y sirven para colocar puertas, ventanas o simplemente huecos de paso entre estancias. Concretamente el arco es una estructura curva diseñada para resistir cargas verticales mediante compresión. Se coloca para salvar huecos o tramos de obra.

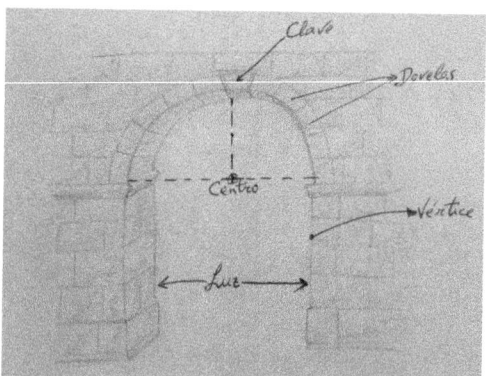

Partes de un arco

Los elementos del arco se definen como:

– Dovela: cada una de las piezas que configuran un arco.

– Contrafuerte perpendicular: engrosamiento de un muro para recepción de las cargas y que sirve como apoyo resistente al elemento del que recibe dichas cargas.

– Clave: es el elemento o dovela central y cumbre del arco. Como se diseña en forma de cuña también se le conoce por este nombre.

– Contraclave: elemento que se contrapone a la dovela cumbre de un arco y forma parte del lienzo del muro.

– Trasdós, extradós o espalda: superficie curva exterior o límite de la cara visible de las dovelas de un arco.

– Arquivolta: banda decorativa o moldura en la cara de un arco. Puede estar en las dovelas o formar una línea de dovelas superpuestas.

– Cara lateral: es la vista principal de las dovelas, el frontal del arco.

– Flecha: es la distancia que existe entre la línea imaginaria de arranque del arco y la clave o punto más alto del intradós.

– Intradós o sofito: es la superficie curva interior cóncava o límite que forman las caras de las dovelas bajo el arco.

– Salmer: la dovela de arranque que se apoya en la imposta de un arco.

– Imposta: parte superior de un pilar o estribo de la que arranca el arco. Hay veces que tiene forma de capitel o moldura y cuando tiene forma de bloque similar a una dovela, pero más grande.

– Luz: línea recta imaginaria que hace de base del arco. Es la formada por el arranque en el intradós del arco.

– Estribo: pieza donde apoya el arco. Se puede confundir con la imposta, pero cuando no hay imposta, es la pieza dónde apoya el almohadón.

– Directriz de un arco: es la línea media de una estructura en forma de arco.

El dintel es la viga, vigueta o jácena que cubre un hueco y soporta una fábrica superior. Este elemento también es conocido con el nombre de cargadero.

Dintel de puerta

El arco por excelencia es el arco de punto redondo: con una directriz que presenta una curva continua.

También se pueden encontrar arcos que atiendan a la forma triangular derivados de las construcciones primitivas y consistentes en dos piedras colocadas en diagonal apoyándose una sobre la otra.

Arco triangular

La disposición espacial de varios arcos haciendo forma de estructura arqueada es a lo que se le llama bóveda. La bóveda permite separar espacios habitables a modo de techo curvado. A las bóvedas se las clasifica por el tipo de arco que se utiliza para su construcción. Una bóveda que ocupa un lugar principal en la construcción, que delimita una superficie regular y que se rodea por arcos y/o dinteles que le sirven de contrafuertes se llama cúpula.

Procedimiento general de construcción de arcos y dinteles:

Una de las principales características de los arcos es su forma de trabajo frente a las cargas que recibe. Este «trabajo» o funcionamiento determina cómo se debe ejecutar en obra el arco elegido para cubrir un hueco. A continuación, se expresa el funcionamiento de los arcos.

– Colocación de piedra natural en interior de vivienda – Hoya de Ariñez – Arucas.

El procedimiento operativo de 6 puntos aplicado a la construcción de arcos y dinteles es el siguiente:

1. Limpieza y replanteo: la fábrica o elementos constructivos hasta llegar a la construcción del arco sirven de guía junto con mampuestos de esquina o de extremo de muro.

2. Presentación y base: si el hueco se decide realizar con dovelas, estas se colocarán con ayuda de sopanda o cimbra, comenzando por las dovelas extremas y terminando por la central o clave.

Nota: en el caso especial de dinteles de pieza entera se apoyará en sus extremos con una entrega de 22 cm a cada lado, sobre torta de mortero extendida sobre los mampuestos de los apoyos.

3. Mortero y cuñas: el mortero de agarre se extenderá sobre la superficie de asiento de las dovelas. Las juntas serán de las mismas características que el resto de la fábrica y su espesor no será superior a 2 cm.

4. Nivel: se adaptarán los mampuestos a los niveles definidos en el replanteo.

5. Colocando hiladas: cada hilada superpuesta sobre la primera que describe el intradós del arco se llama rosca y se numeran según su colocación.

6. Protección y regado: todo el conjunto de elemento arco/dintel y fábrica en la que se integre se limpia en toda su superficie y se protege. Al día siguiente se riega.

2.3. Columnas:

Este elemento arquitectónico está dispuesto de forma vertical y tiene normalmente función estructural, por eso recibe el nombre de soporte. En la mayoría de los casos se presenta en forma circular. Si es cuadrado se denomina pilar o pilastra. Sus partes son principalmente basamento, fuste y capitel.

También se clasifican las columnas por la forma de su fuste. Los tipos más corrientes son:

Procedimiento general de construcción de columnas:

La forma de trabajo de las columnas de piedra natural es la que mejor responde a los esfuerzos de compresión.

1. Limpieza y replanteo: el replanteo de los soportes se realiza a ejes. Lo importante de la colocación de un soporte es dónde se sitúa este en la construcción independientemente de la sección que tenga.

2. Presentación y base: se coloca el elemento que actuará de basamento y que será una pieza de transición entre la cimentación y el soporte.

3. Mortero y cuñas: si se trata de columnas monolíticas, de un solo fuste (de material continuo), es posible que solo se tenga que poner una pequeña capa de mortero. Si se trata con columnas compuestas por diferentes mampuestos puede ser que se tengan uniones a hueso (sin mortero), por lo que es importantísimo cuidar la nivelación y colocación en vertical.

4. Colocando hiladas: cuando se trata de fustes deben estar alineadas o de forma que conserven la verticalidad del soporte. En soportes monolíticos se utilizará maquinaria y elementos auxiliares para levantarlos y alinearlos en la vertical.

5. Limpieza y entrega: en el caso que así se exija tendrá su tratamiento de terminación.

– Columna lisa: no tiene ni estrías ni decoración alguna.

– Estriada o acanalada: su fuste presenta estrías o acanaladuras ornamentales en toda su longitud.

– Fasciculada: conformada por pequeños fustes similares y agrupados.

– Agrupada: cuenta con varios fustes con base y capitel comunes. Período gótico.

– Salomónica, torsa o entorchada: su fuste está torsionado o se presenta en forma helicoidal. Período barroco.

– Románica: con fuste cilíndrico como en la arquitectura clásica, pero se puede presentar liso, sogueado, decoración geométrica de zigzag o vegetal.

2.4. Cornisas, impostas, albardillas, alféizares:

Estos elementos, en muchos de sus casos, no tienen función estructural como la que le pertenece a los muros, arcos o columnas de mampostería. Integran más bien el conjunto de elementos de protección de las construcciones de piedra natural.

Los más importantes de estos elementos son los siguientes:

– Las cornisas son identificadas normalmente como elementos de cubiertas. Es el saliente continúo moldurado que corona una fábrica o la divide de forma horizontal para evitar que el agua de lluvia escurra directamente sobre el paramento. Tiene función de rematar el edificio. Los principales tipos de cornisa son:

– La cornisa abierta, que se asemeja a un alero de cubierta dejando a la vista elementos decorativos o estructurales bajo el vuelo.

- Cornisa cerrada o de caja, que permite un pequeño frente bajo la cubrición de la cubierta.

Recodo de cornisa

- Las impostas se han definido en las partes del arco y la columna, pero también son sillares en forma de borde saliente o saledizo que separan diferentes alturas.

- La albardilla es otro de los elementos que sirven de remate a las construcciones. Se realiza a dos aguas y es la coronación de los muros, vallas o cercas de mampostería. Su misión es que el agua de lluvia no se estanque encima de la construcción a la que protege, sino que se evacue por uno u otro lado.

- Los alféizares son la vuelta o derrame que hace la pared en un vano de ventana, y en especial recibe este nombre la pieza horizontal sobre la que se asienta el cerco de esta.

Procedimiento general de construcción de cornisas, impostas, alféizares:

Estos elementos son normalmente colocados en cubierta o de protección, su ubicación deberá ser precisa para no aportar agua al interior de la edificación si se coloca en exteriores. También pueden contar con decoración, así que habrá que prever su presentación en seco sobre las hiladas de fábrica y no perder el diseño del dibujo que lleve la cara vista. Cuando se colocan albardillas o alféizares normalmente no se debe esperar construcción por encima de ellos.

Escaleras y Cimbras

3. Escaleras.

Este elemento permite comunicar distintos niveles horizontales ya sean terrenos a distintos niveles o plantas y pisos de un edificio.

Los elementos que definen las escaleras son su estructura sustentante y los escalones.

El tipo de escalera montacaballo se realiza en mampuesto normalmente tipo ladrillo macizo que conforma una superficie abovedada donde se colocarán los peldaños.

Este tipo de superficies abovedadas son las que requiere la estructura sustentante de las escaleras de piedra natural.

Para la construcción de cualquier escalera hay que tener en cuenta las siguientes medidas:

– Dimensiones de ancho y largo de la caja de escalera. Definición de caja de escalera: es el espacio que delimita la ubicación en volumen de la escalera. Este volumen se asemeja a un cilindro para las escaleras de caracol.

– La altura a salvar entre niveles que determinará la inclinación de estructura de la escalera. Se mide de suelo de nivel inferior al suelo de nivel superior teniendo en cuenta el revestimiento de terminación.

– Las dimensiones de los peldaños. Esto es, su anchura o huella (donde pisa), y altura o tabica/contrahuella. En toda escalera hay que cumplir la relación que una huella más dos contrahuellas estén en un intervalo mayor o igual a 54 centímetros y menor o igual a 70 centímetros. La dimensión obtenida para las huellas se dibuja en planta sobre la línea de huella.

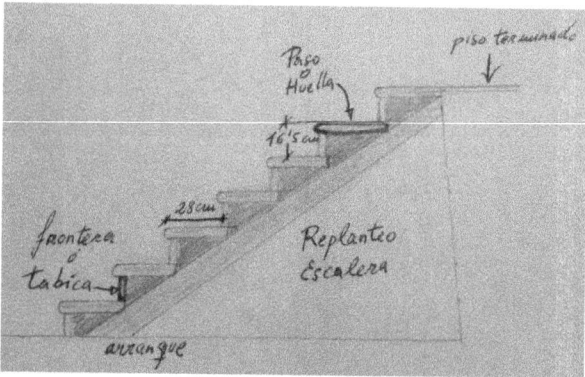

Replanteo de escalera

– La colocación de un pasamanos a una altura no menor de 90 centímetros hasta 110 centímetros para adultos. En caso de escaleras de acceso público también se dispondrá de pasamanos para niños a una altura comprendida entre 65 y 75 centímetros.

– La línea de huella es la línea imaginaria que va por la zona de paso normal de la escalera. En escaleras de ámbito o ancho normal esta es de 1 metro. La línea de huella se sitúa en la mitad del ámbito.

– El vuelo o proyectura de un peldaño es la parte de apoyo que queda al aire sobre la huella del peldaño inferior. La proyección puede ser de 2 a 5 centímetros.

– La sucesión de peldaños en un tiro se llama tramo o ida y llega hasta el último peldaño de la escalera o hasta una meseta, peldaño de reposo. A este peldaño también se le puede llamar rellano o descansillo dependiendo de sus dimensiones.

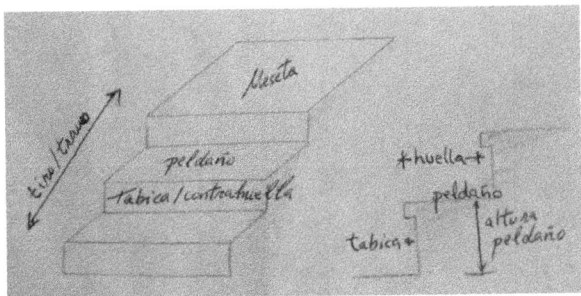

Partes de una escalera

Procedimiento general de construcción de escaleras.

En las escaleras se ha visto que uno de sus elementos principales es la estructura sustentante. Así que, se tendrá que aplicar el procedimiento de arcos para la consecución de una bóveda. No hay problema cuando el apoyo de la escalera se realiza sobre tierra firme, pero si se intentan salvar alturas entreplantas el problema se soluciona con la colocación óptima de los elementos auxiliares realizados principalmente en madera.

Es importantísimo conocer en proyecto el diseño que va a tomar este elemento para saber poner en práctica apropiadamente el procedimiento general.

3.1. Balaustres, pasamanos y otros elementos constructivos.

La colocación del pasamanos es una de las partes que no deben faltar en una escalera. Pero este elemento no solo debe estar en escaleras, también se encuentra en barreras de protección a modo de barandilla de protección contra posibles apoyos o agarres para evitar las caídas. Con diferencia a las albardillas, el pasamanos tendrá que tener forma redondeada para un uso de apoyo de la mano.

3.2. Otros remates y molduras singulares.

Los remates y molduras que se realizan en piedra natural derivan de las decoraciones realizadas en los cinco órdenes arquitectónicos. Forman parte principalmente de la decoración y no de los elementos estructurales como puedan ser la columna o el arco.

Como tipos de molduras a destacar se muestran:

– Filete o listel: ornamento saliente en forma de cuadrado.

– Bocel o toro: saliente en forma redondeada convexa.

– Mediacaña: es la moldura redondeada convexa.

– Escocia: moldura convexa de dos centros.

– Caveto o nacela: con saliente de repisa y cuarto de círculo cóncavo inferior.

– Cuarto bocel: moldura con repisa y círculo inferior convexo.

– Gola o cima recta: moldura con repisa y doble círculo inferior, el primero cóncavo y el segundo convexo. Cuando es más grande se denomina terminación en pecho de paloma.

– Talón o cima reversa: moldura con repisa y doble círculo inferior en disposición inversa a la gola.

4. Arriostramiento provisional.

Como ya se sabe, la piedra natural tiene multitud de aplicaciones en la construcción: muros, fábricas, arcos, columnas, etc. También se sabe que, para conseguir la ejecución real de una construcción con materiales pétreos, esto es, dar elevación a la construcción, cubrir huecos de paso o colocar un techo, se necesitan sistemas auxiliares.

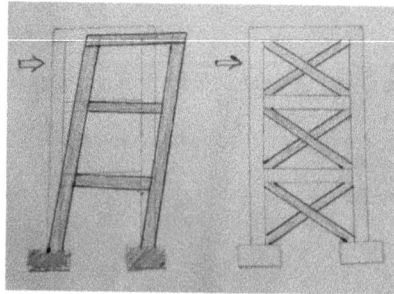

Deformación de estructuras

Así se utiliza el arriostramiento para edificar las construcciones en altura y evitar que vuelquen. Arriostrar es la acción que realiza una estructura de sujeción y estabilización mediante piezas que impiden la deformación y desplazamientos propios de un elemento constructivo. Las formas de arriostrar dependen de las fuerzas o cargas que debe soportar el elemento. Así se cuenta con los siguientes arriostramientos:

- Lateral: elemento estabilizador sometido a fuerzas laterales que mantienen los ángulos de un marco estructural para asegurar la estabilidad lateral.

- Diagonal: se emplea para estabilizar marcos estructurales o pórticos. Definición de pórtico: esqueleto arriostrado o rígido diseñado para portar cargas verticales y cargas laterales transversales a la longitud de la estructura.

- Provisional: sistema que se realiza para que los elementos estructurales de una construcción permanezcan asegurados y firmes hasta que se encuentren en carga o adquieran la estabilidad definitiva.

Para aumentar la rigidez de la estructura de arriostramiento se colocan los amarres en los puntos de unión de las piezas.

- Riostras cruzadas: crucetas que pueden formar cruces de San Andrés.

4.1. Apuntalamientos.

Durante el proceso de ejecución de obra muchas son las actividades previas o complementarias necesarias para el desarrollo de la construcción.

Por ejemplo, se utilizan los puntales para arriostrar o sostener muros o estructuras. El sistema de puntales es a lo que se denomina apuntalamiento.

La operación de apuntalar normalmente se realiza para reformas o en obras de demolición a fin de sostener la estructura. Los puntales se realizan en distintos materiales, desde los primeros en usarse de madera hasta los más modernos tubos telescópicos metálicos o torres de apuntalamiento.

4.2. Elementos auxiliares.

De entre los elementos auxiliares más empleados en la construcción se encuentra el andamio. El andamio es una estructura o plataforma provisional construida a una cierta altura sobre el suelo. Sirve para realizar sobre ella el trabajo de forma más adecuada.

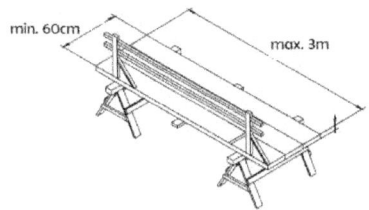

Andamios de borriquetas

Los andamios deben disponerse de forma que:

– Nunca se trabaje por encima de la altura de los hombros. Los andamios tendrán barandilla a 90 cm de altura y rodapié perimetral de 15 cm.

– Andamios de borriquetas, la plataforma no debe volar más de 20 cm.

La anchura mínima de la plataforma de trabajo será de 60 cm.

Se mantendrá en todo momento libre de material que no sea estrictamente necesario.

– El estado de todos los elementos del andamio se revisará periódicamente.

También se utilizan otros sistemas auxiliares de elevación, especialmente para los trabajos de sillería y mampostería. La maquinaria auxiliar de elevación viene con sujeción mediante pinzas para el caso de que las piezas no traigan asas u otro sistema para elevarlas.

En la cantería la manipulación y acopio del material debe ser la correcta para un trabajo con seguridad. No se debe operar con mampuestos o sillares por encima de los hombros y el transporte de cargas es importantísimo para no padecer un accidente laboral.

5. Cimbras y sopandas.

Se utilizan para elementos estructurales de cubrición, como puedan ser los arcos o los forjados de planta y cubierta, y son sistemas auxiliares para ejecución y diseño en la obra.

La cimbra es un armazón o encofrado provisional para apoyar un arco o bóveda. En definitiva, es una estructura que durante la ejecución sujeta la disposición de mampuestos o sillares en curva.

– Iglesia de Arucas en construcción.

En el caso de poner en obra una cimbra o estructura de cimbrado se deberá consultar el proyecto.

Aunque para la construcción de un arco de piedra natural se utilizan principalmente las cimbras de madera, también se pueden emplear otros materiales:

– Cimbras de madera: se utilizan principalmente según las dimensiones del arco o para la realización de bóvedas.

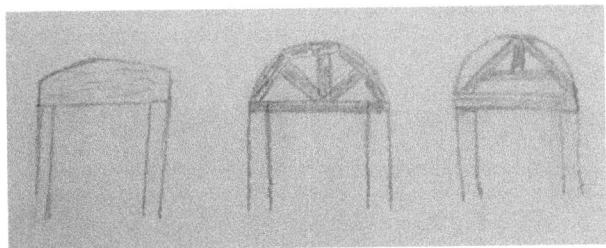

Tipos de cimbra

– Cimbras para concreto aparente: su ejecución en madera puede seguir varios procedimientos según el acabado que se quiera obtener.

5.1. Plantillas, monteas.

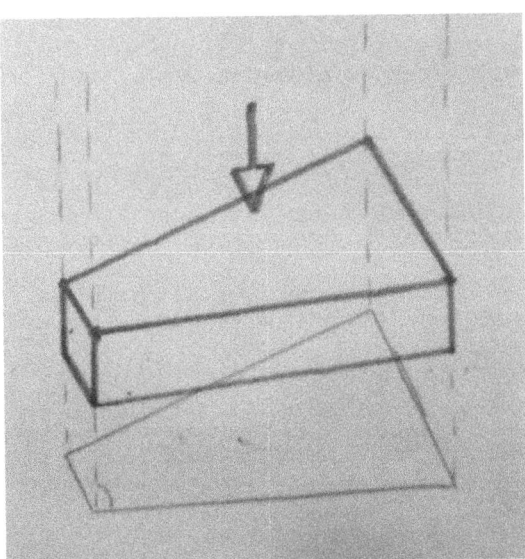

Plantillas, monteas

Para llevar a la realidad los dibujos y diseños de la construcción de piedra natural se utilizan las plantillas y las monteas. Son dos métodos auxiliares de dibujo técnico y geometría descriptiva para la representación gráfica de lo que se quiere construir. Sirven tanto para el diseño y replanteo de piezas que forman parte de la construcción como para el de elementos completos.

Las plantillas ayudan a cortar las piezas de piedra en las dimensiones requeridas en la obra. Es a lo que se conoce como aplantillar. En la actualidad los proyectos de obras definen gráficamente las plantillas de las piezas que se van a utilizar, numeradas y catalogadas.

Las monteas son muy utilizadas en la construcción de escaleras de mampostería. Las medidas dibujadas en el suelo y en las paredes de la caja de escalera se hacen en el replanteo.

5.2. Cercos, marcos, cargaderos.

Se llama cerco a todo el borde o banda que rodea un hueco, aunque el hueco sea ciego. Por lo tanto, se tendrán cercos en los huecos para ventanas, puertas y pasos abiertos de fábricas.

El marco es un armazón fijo de un hueco de puerta o ventana y del que se cuelgan las hojas practicables. También se le puede llamar bastidor.

Si el hueco va a quedar libre al paso, esto es, sin colocar puerta o ventana alguna, se pone un marco de paso para que los bordes queden protegidos y decorados.

Otros tipos de marcos pueden ser los siguientes:

– Marco de puerta: está compuesto por dos jambas y un cabecero o dintel.

– Marco de una ventana: formado por dos jambas, un cabio superior o cabecero y otro inferior o peana (cerco o durmiente).

En carpintería de cualquier material existen más denominaciones sobre los elementos en huecos de las fábricas, por lo que se pueden encontrar los siguientes:

– Precerco o premarco: es el marco basto que se coloca durante la obra y que luego queda bajo el revestimiento o terminación del paramento.

– Contramarco: durmiente que completa al marco y no recibe puerta.

El cargadero es un dintel o jácena que cubre un hueco y soporta una pared superior. Se corresponde con la viga horizontal que sostiene el peso que gravita sobre un hueco de puerta o ventana. Se puede realizar de piedra, madera, hormigón o acero.

5.3. colocación de cargaderos, prefabricados o piezas enterizas.

El cargadero integrado en la construcción tiene un reparto de cargas que se transmiten a las jambas y soportes del hueco. Este elemento debe ser suficientemente resistente como para no curvarse en el sentido de la carga y arrastrar con ello a sus apoyos rígidos deformándolos bajo la acción de los esfuerzos de flexión.

La piedra es un material rígido y por eso se complementa con otros materiales flexibles. Como su misión principalmente es estructural, es muy normal que queden ocultos tras el revestimiento final de la construcción. Si esto ocurre, el revestimiento suele ser de aplacado de piedra natural.

Las condiciones del procedimiento constructivo para cargaderos ocultos son las siguientes:

Para dinteles de pieza entera:

- Restauración y colocación de jambas y dintel para puerta – labrArte – Tafira.

- La pieza se apoyará en sus extremos con una entrega de 22 cm a cada lado sobre torta de mortero extendida sobre los mampuestos de los apoyos.

- Se deja hueca la hilada horizontal superior de previsión de descarga de los elementos constructivos superiores sobre los entrepaños laterales para realizar un cargadero de hormigón armado u otro material.

- Una vez puesto en carga se rellenará la hilada superior con mampuestos recibidos con el mismo tipo de mortero que el resto de la fábrica.

Para dintel de dovelas:

- Las dovelas se colocarán con ayuda de sopanda o cimbra, comenzando por las dovelas extremas y terminando por la central o clave, previendo un espesor de junta de 5 mm.

- Se dejará hueca la hilada horizontal superior considerando la descarga de los elementos constructivos superiores sobre los entrepaños laterales a través de un cargadero de hormigón armado u otro material.

– Una vez puesto en carga se rellenará la hilada superior con mampuestos recibidos con el mismo tipo de mortero que el resto de la fábrica.

5.4. Comentarios previos.

En las construcciones con piedra natural la piedra se utiliza como elemento resistente, elemento decorativo o como materia prima para la fabricación de otros materiales. El proceso de la construcción se puede dividir en varias etapas lógicas que facilitan la organización, seguimiento de control y valoración económico-productiva de los trabajos.

Entre los factores que pueden desencadenar una alteración o patología se encuentran los incompatibles y los que se originan por defectos de ejecución, ya sea por imperfecciones en el material, la no adecuada elección del tipo, acabado, tratamiento y uso, o por un procedimiento de colocación inadecuado.

Elementos auxiliares de Piedra

6. Colocación de elementos auxiliares y complementarios: rejillas, sumideros, y otros.

La colocación de los elementos auxiliares y complementarios cierra el periodo de construcción del edificio en el sistema de acabados. Esto completa la obra con trabajos de terminación generalizándose en los revestimientos de elementos estructurales.

Para cada una de las fases de obra se pueden encontrar elementos auxiliares y complementarios que acompañan a las aplicaciones de la piedra natural. Así pues, se distinguen:

– En muros y fábricas: rejillas, elementos para ocultar instalaciones y juntas estructurales o rozas.

– Carpinterías: marcos de colocación superficial o empotrada.

– Instalaciones: iluminación superficial o empotrada, rejillas para sumideros, aliviaderos, etc.

– Revestimientos: aplacados en muros, revestimientos interiores y exteriores, cubriciones con pizarra, etc.

6.1. Rejillas.

Como elemento constructivo una rejilla es una retícula o pantalla perforada para cubrir, ocultar o proteger una abertura de un paramento. Se coloca a modo de ventana respiradero. También se utilizan para impedir el paso de animales a las estancias.

Rejilla de piedra natural de Arucas

6.2. Sumideros.

Los sumideros son elementos que pertenecen a la red de instalaciones de saneamiento. Hasta ellos llegan las líneas de agua de las cubiertas y las rigolas en urbanización. En los sumideros se suelen colocar rejillas para evitar que a la red de evacuación de aguas lleguen objetos sólidos que puedan producir atascos.

6.3. Remates metálicos.

Un remate arquitectónico es el elemento que se coloca sobre la construcción para adornarla o coronarla. Su definición se aplica incluso a los ornamentos extremos como las coronaciones.

En piedra natural algunos remates se indican principalmente en las cornisas. Se puede destacar la función del babero que es una chapa metálica para evitar el paso del agua de lluvia y que se coloca tanto en cubierta como en uniones entre paramentos.

6.4. Otros elementos auxiliares y complementarios.

En este apartado se pueden señalar aquellas estructuras que sirven de seguridad, tanto para soportar saledizos o balconadas en la fachada como barandillas y antepechos. Estos elementos se colocan en la obra de piedra de forma empotrada, anclada o mediante elementos mecánicos, tales como tornillería. También se pueden encontrar rejas embutidas en los marcos de la madera de las ventanas.

Colocación de balaustres en piedra de Ayagaures

6.5. Protecciones contra la humedad: barreras en arranques y acabados superficiales.

Cualquier material utilizado en la construcción está regulado en cuanto a sus características para mantener la calidad y la seguridad de manipulación.

Esto significa que durante el proceso de construcción esos materiales no pierdan ninguna de las cualidades por las cuales han sido elegidos en el proyecto. Además, deben asegurar que funcionarán una vez colocados.

La piedra natural por su condición de pertenecer al medio y guarecer las construcciones de los agentes externos debe cumplir unas condiciones según su naturaleza y uso. Así el material pétreo tiene unas características que son ensayadas y que se agrupan en: ensayos de dimensión, de propiedades mecánicas, de propiedades hídricas, de durabilidad y ensayos para otras propiedades.

6.6. Barreras en arranques.

En general hay que tener en cuenta el proceso de envejecimiento del material pétreo, sobre todo en ambientes húmedos. El agua de lluvia, y a veces de los morteros de colocación, sobre todo en revestimientos de aplacados, puede originar manchas además de un deterioro estructural produciendo efectos no deseados.

Las barreras en arranques son concebidas para impedir que el agua entre en la edificación y espacios habitables, además de proteger la biodegradación que pueda sufrir el material.

El zócalo debe ejecutarse correctamente. Esto quiere decir que hay que saber qué tipo de material pétreo se coloca. Preferiblemente un material poco poroso.

6.7. Acabados superficiales de la piedra natural.

Otras protecciones realizadas en piedra tanto natural como artificial son los relacionados con piezas especiales de aplacados o revestimientos. Al igual que el zócalo, que también tiene la función de resistir los impactos, se pueden encontrar elementos vulnerables de la edificación. En este sentido otras protecciones son las esquinas, los cortavientos y las ménsulas. Los tipos de acabados superficiales que reciben el nombre del aspecto que se puede observar a simple vista son fruto de la aplicación de técnicas manuales o mecánicas. Así se puede encontrar con la siguiente terminación:

– Al corte: la superficie no presenta ningún tratamiento. Se muestra tal cual sale del corte de la máquina después de la extracción de la materia prima.

Losa piedra de Arucas al corte

– Serrado: aspecto que presenta la piedra tras pasar un bloque por la sierra mono o multilama (telares de flejes en acero o diamante). La superficie resultante es muy plana y lisa pero áspera con aparición de surcos u ondulaciones paralelas.

– Lajado: corte natural utilizando herramientas similares a las manuales como un cincel ancho, cuñas o mazas. Es una terminación característica de las piedras pizarrosas y se puede aplicar a alguna cantería tableada como cuarcitas o algunas areniscas. Para piedras que no tienen esta característica de laja esta terminación recibe el nombre de partido.

– Labrado: consiste en el rayado superficial con incisiones oblicuas. Se realiza a mano utilizando la escoda.

Piedra de Arucas labrada

– Apiconado: tratamiento rústico con muescas e incisiones alargadas sobre una superficie previamente aplanada con disco, corte natural o serrado. Se emplea en acabados de arcos, esquinas y peanas. Se utilizan el golpeo de una pica o un puntero. Dan carácter de construcción antigua.

Piedra de Arucas picada

– Escafilado: tras el corte se retrabaja la pieza con herramientas de labra manual para conseguir una superficie heterogénea. Si el relieve tiene más de 2 centímetros esta terminación se llama de verrugo. Se aplica sobre todo en construcciones rurales o espacios urbanos con apariencia rústica.

– Abujardado: es un acabado rugoso que da una textura granulada. El acabado se consigue por el uso de un martillo de cabezales dentados de acero o bujarda. En su aplicación se consigue que el tono del color de la piedra sea más claro y homogéneo. Suele utilizarse en peldaños.

Piedra de Arucas abujardada

– Flameado: a diferencia del resto de acabados el flameado es un tratamiento con lanza térmica que proyecta alta temperatura sobre la superficie dando un relieve rugoso. Este acabado tiene un aspecto de superficie vítrea y con cráteres.

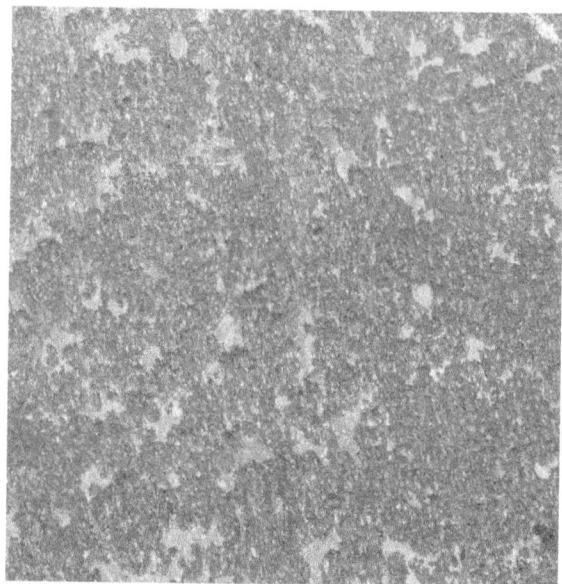
Piedra de Arucas flameada

– Pulido: es un tratamiento progresivo de alisado y abrillantado de una superficie. Se caracteriza por la utilización de abrasivos sobre la piedra que dejan la superficie libre de poros mejorando la resistencia a las agresiones externas.

Piedra de Arucas Pulida

– Apomazado: tratamiento similar al pulido, pero no se llega a «sacar brillo» quedando las superficies planas y lisas y sin marcas visibles, pero mate.

6.8. Espesor, relleno y acabado de juntas. Tratamiento de juntas y superficies.

Una de las principales puertas de entrada de humedad en la piedra natural son aquellos elementos diferentes en contacto con el material pétreo.

Visiblemente las juntas también quedan expuestas al ambiente, pero además pueden contener otro material diferente al pétreo natural, lo que es susceptible de crear alguna afección.

6.9. Tratamiento de juntas y superficies.

El principal tratamiento durante el procedimiento de construcción de cualquier elemento de piedra natural que reciben las superficies y las juntas es el de limpieza. Para su sellado natural se realiza el llagueado.

Por tanto, el mortero que debe aplicarse en las juntas debe tener propiedades similares al material pétreo y es preciso que sus componentes sean lo más naturales posibles. El llagueado permite pulir de algún modo el mortero de la junta y dejar libre de poros este material de unión.

Hay varias modalidades de juntas que se pueden dar en la construcción con piedra natural:

– La junta a hueso que no posee material de sellado.

– La junta de dilatación que absorbe las variaciones del posible movimiento estructural y que en fábricas de piedra (según el CTE) se dispone cada 30 metros.

– La junta estructural formada entre dos cuerpos de edificio contiguos debiendo ser respetada y protegida.

– La junta preconformada que es un perfil metálico o junquillo que cierra el espacio libre de la junta. Tiene un carácter mecánico y estético.

– La junta en movimiento que está formada entre dos paños de un revestimiento de fachada o pavimento y permite la libre variación térmica.

6.10. Materiales sellantes.

El pulido o abrillantado hace que las superficies queden libres de poros. De alguna forma «sella» el material. La principal función del material sellante es la de crear una película sobre la piedra que mantenga los poros cerrados. Con esta función no penetrará humedad o partícula alguna en la piedra.

Se trata de barnices que tienen una duración máxima ya que son sensibles al envejecimiento provocado por los rayos UV del sol.

6.11. Remates singulares.

Como ya se sabe, algunos de estos remates son las albardillas, que incluso en las construcciones con materiales manufacturados, se prefieren de piedra natural y de una sola pieza.

Existen otro tipo de remates decorativos como las molduras. En este sentido se encuentran también remates en borde, como por ejemplo en las encimeras.

Entre la enumeración interminable de remates singulares se destacan los siguientes:

– En cornisas e impostas: coronaciones, encuentros, remates y recodos de cornisas.

– En revestimientos: zócalos y remates del zócalo.

– En aplacados: cenefas, frisos, frontones.

– En fábricas con piedra natural: celosías, grabados y altorrelieves de piedra.

– En escaleras: zanquines, remates de pilares o de la columna, inicio de barandilla de escalera.

– En mobiliario: variedad de mobiliario urbano, mojones, marcos y decoraciones funerarias.

– Encimeras para baños y cocinas.

– Otros: abrevaderos, piedras de molar, peanas, lavabos, fregaderos, bañeras y platos de ducha.

Un remate también es entendido como el fin o terminación de algo. Según esta descripción cualquiera de los elementos lineales anteriormente enumerados puede tener un remate en canto recto, medio redondo, redondo.

Tapapolvo de piedra

6.12. Limpieza de las fábricas de piedra y del área de trabajo.

Dentro del procedimiento de colocación de la piedra natural, y más concretamente en los puntos finales, se indicaba la importancia del orden y limpieza del área de trabajo y del aspecto frente a la entrega de la construcción pétrea.

La limpieza tiene por objeto eliminar la suciedad y otros materiales nocivos acumulados en la superficie y que aceleran su deterioro.

Las operaciones previas en el proceso de limpieza, mantenimiento o consolidación se rigen por un programa de trabajo en el que se incluyen dos pasos previos:

1. La identificación de los materiales (incluidos los de las juntas).

2. La tipología, naturaleza y extensión de depósitos superficiales.

6.13. Métodos de limpieza.
La limpieza periódica ayuda al mantenimiento y conservación de la piedra natural. Dependiendo de los pasos previos del programa de limpieza se puede hablar de varios métodos clasificados en cuatro tipos.

Tratamientos acuosos

Se trata de aprovechar las propiedades solventes del agua para atacar a los componentes solubles de los contaminantes.

Aunque el agua de lluvia u otros aportes pueden causar lesiones en los paramentos verticales, también se puede señalar que favorecen el lavado de la piedra de forma natural.

En general es recomendable el empleo de agua desmineralizada en las siguientes metodologías:

– Agua a presión: que no sobrepasa las 2 o 3 atmósferas en piezas deterioradas para no contribuir a la erosión. Indicado para depósitos solubles calcáreos.

– Agua nebulizada: a través de nebulizadores de pequeño caudal y con gran superficie de actuación. Para geometrías de difícil acceso y elementos decorativos labrados.

– Vapor de agua: como última elección si se utiliza un método acuoso de limpieza, puesto que no es controlable el tiempo de exposición al vapor de las piezas pétreas.

Tratamientos mecánicos.

Se aplican con precaución para que su acción sobre el paramento pétreo sea lo más limitada posible.

Las herramientas más utilizadas son bisturís, espátulas, lijas o equipos motorizados como tornos de precisión, amoladores o de proyección de abrasivos.

Su uso se realiza en condiciones controladas y situaciones en las que otros tratamientos no son factibles.

Para los tratamientos mecánicos los métodos utilizados son:

– Manuales: de ejecución lenta con eficacia que depende de la pericia del operario. Aunque se trata también de un método de inspección previo dado el acercamiento personalizado al conocimiento de la suciedad a eliminar.

– Chorro o microchorro de arena: se proyecta arena de sílice, vidrio, piedra pómez, alúmina u otro material abrasivo sobre la piedra. Se hace de manera controlada para evitar la erosión. Puede realizarse por vía seca o húmeda.

Arenadora, granalladora. Cantera de Arucas

Tratamientos químicos.

Deben emplearse bajo supervisión de personal experto y comprobaciones previas sobre pequeñas superficies. Sus acciones son irreversibles en la piedra. Se trata de sustancias con acidez o basicidad elevadas. También puede aplicarse con agentes orgánicos.

Como agente básico principal está la sosa cáustica para eliminación de manchas de yeso en calizas y mármoles.

Métodos especiales.

Son métodos que utilizan las microondas, ultrasonidos y el láser entre otros instrumentos.

El método láser es el más utilizado en piedras deterioradas o en las que no es recomendable otra técnica o tratamiento.

Limpieza y orden en el área de trabajo.

El área de trabajo, como prevención de la seguridad en el trabajo, está indicada en la normativa de seguridad y salud. Determina que un buen estado de orden y limpieza supone una organización y planificación de actividades. Hay que tener en cuenta los medios y materiales a emplear, así como los productos necesarios de la ejecución, implicando:

1. Clasificar el material y equipos precisos a utilizar.

2. Almacenar fuera del área de trabajo el material innecesario.

El buen estado de limpieza conlleva el acopio, retirada y transporte del material sobrante. Por eso es recomendable limpiar periódicamente los medios mecánicos y la acumulación del material de desecho en lugares destinados para ello de forma inmediata.

6.14. Técnicas de limpieza, acabado y aspecto.

La técnica de limpieza consiste en que, una vez terminada la fábrica y sus elementos, esta quede limpia de polvo y partículas superficiales. Es entonces cuando la piedra natural está en disposición de ser tratada superficialmente para obtener el aspecto deseado en la entrega o tener la apariencia precisa diseñada en el proyecto.

La limpieza tiene un carácter preventivo y correctivo para evitar la aparición de patologías. Esto implica la aplicación de tratamientos para la conservación. Estos se muestran a continuación.

Tratamientos hidrofugantes.

Para que no penetre el agua en estos capilares es lógico pensar que deben estar llenos parcialmente de otra sustancia. Así se disminuye la posibilidad de patologías como fisuración, descohesión o laminación entre otras. Este tipo de tratamiento tiene como base sustancias con moléculas orgánicas y debe ser preciso en su aplicación requiriendo pruebas previas en laboratorio y sobre pequeñas superficies a tratar. Está indicado para piedras con alto índice de poros y media-alta absorción de agua.

La hidrofugación es el tratamiento que se realiza para evitar que los materiales absorban agua, modificando la estructura y la estética de los mismos. No aporta color a la película protectora exterior, sino que bloquea los poros y permite la permeabilidad al vapor de agua dejando respirar al paramento tratado.

Los productos para hidrofugar tienen base acuosa o disolvente con lo que se aplican igual que una pintura (con rodillo, brocha o pulverización) dejando secar durante 24 horas.

Tratamientos consolidantes.

Su objetivo es la restitución de las propiedades mecánicas y la cohesión del material pétreo. La aplicación de los productos de este método debe ser programada y planificada. Sus procesos suelen ser irreversibles y tienen influencia en la apariencia y comportamiento funcional del material.

Estos tratamientos se presentan en tres categorías según los componentes consolidantes.

– Consolidantes silicoorgánicos: tales como siliconas, silanos y resinas. Sus radicales polares son susceptibles de interaccionar con el sustrato mineral de la piedra, efectuándose la consolidación.

– Polímeros orgánicos sintéticos: tienen capacidad de penetración limitada por el tamaño largo de sus moléculas. Principalmente se emplean para consolidación superficial.

Cantería Rústica Tallada a Mano

La cantería rústica tallada a mano es una técnica artesanal que ha sido utilizada desde tiempos antiguos para la construcción de edificaciones y monumentos. En este artículo, exploraremos en profundidad este arte tradicional, con sus técnicas, herramientas y aplicaciones.

Capítulo 1: Orígenes de la cantería rústica tallada a mano
La cantería es un arte que se remonta a la antigüedad, siendo utilizada por diversas civilizaciones para la construcción de templos, palacios y monumentos. La técnica de la cantería rústica consiste en tallar la piedra de forma manual, utilizando herramientas como el martillo y el cincel. Esta técnica se ha mantenido vigente a lo largo de los siglos, preservando la tradición y el legado de los maestros canteros.

Pistola, martillo neumático para labrar la piedra

Capítulo 2: Técnicas y herramientas de la cantería rústica tallada a mano
Para realizar una obra de cantería rústica tallada a mano, es necesario contar con las herramientas adecuadas, como el martillo, cincel, escoplo y puntero. Estas herramientas permiten dar forma y textura a la piedra, creando relieves y detalles que realzan su belleza natural. Los maestros canteros utilizan técnicas ancestrales para trabajar la piedra, como el pico fino, el picado y el escoplo, logrando resultados de gran precisión y calidad.

Capítulo 3: Aplicaciones de la cantería rústica tallada a mano
La cantería rústica tallada a mano se utiliza en la construcción de fachadas, pilares, columnas, chimeneas y elementos decorativos en viviendas, iglesias y edificaciones históricas. Esta técnica artesanal brinda un acabado único y personalizado a las estructuras, resaltando la belleza y la durabilidad de la piedra. Además, la cantería rústica es una excelente opción para la restauración y conservación del patrimonio arquitectónico, manteniendo vivo el arte de la cantería tradicional.

En resumen, la cantería rústica tallada a mano es un arte milenario que sigue vigente en la actualidad, gracias al talento y la destreza de los maestros canteros. Esta técnica artesanal se distingue por su belleza, durabilidad y autenticidad, convirtiéndola en una opción ideal para quienes valoran la tradición y la artesanía en la construcción.

Capítulo 1: Introducción

Picar una piedra para dejarla con un acabado rústico es una técnica que se ha utilizado durante siglos en la construcción y decoración de edificaciones. Con el paso del tiempo, esta técnica ha evolucionado y se ha adaptado a diferentes estilos y tendencias decorativas. En este articulo, te enseñaremos cómo picar una piedra de forma sencilla y efectiva para lograr un acabado rústico y natural.

Capítulo 2: Elección de la piedra

Antes de comenzar con el proceso de picado de la piedra, es importante elegir la piedra adecuada para el proyecto. Debes asegurarte de que la piedra sea resistente y tenga una textura que sea fácil de trabajar. También es importante tener en cuenta el tamaño y la forma de la piedra, ya que esto influirá en el diseño final.

Capítulo 3: Preparación de la piedra

Antes de comenzar a picar la piedra, es importante limpiarla y retirar cualquier suciedad o residuos que pueda tener. También es recomendable marcar la piedra con un lápiz o un rotulador para tener una guía visual que te ayude a seguir un patrón de picado uniforme.

Labrante picando a pico la piedra que sobra de la losa

Capítulo 4: Herramientas necesarias

Para picar una piedra de forma efectiva, necesitarás contar con las herramientas adecuadas. Algunas de las herramientas que necesitarás son un martillo de geólogo, un cincel, una maza de goma y un puntero. Estas herramientas te ayudarán a picar la piedra de forma precisa y controlada.

Capítulo 5: Técnica de picado

Una vez que tengas todas las herramientas necesarias, es hora de comenzar con el proceso de picado de la piedra. Para lograr un acabado rústico, puedes golpear la piedra con el martillo de geólogo y el cincel para crear marcas y grietas en la superficie. También puedes usar la maza de goma y el puntero para darle un acabado más natural y texturizado.

Capítulo 6: Acabado final

Una vez que hayas picado la piedra de la forma deseada, es importante revisarla y hacer los ajustes necesarios para lograr un acabado uniforme y atractivo. Puedes lijar la piedra suavemente para eliminar cualquier imperfección o irregularidad en la superficie. También puedes aplicar un sellador o barniz para proteger y resaltar el acabado rústico de la piedra. En resumen, picar una piedra para dejarla con un acabado rústico puede ser un proceso creativo y gratificante. Con las herramientas adecuadas y un poco de paciencia, podrás transformar una piedra común en una pieza decorativa y única que agregará un toque rústico y natural a tu hogar o jardín. ¡Anímate a probar esta técnica y deja volar tu creatividad!

El Labrado de la Cantería a Mano

El labrado a mano de sillares de piedra es una técnica milenaria que ha sido utilizada durante siglos para la construcción de edificaciones. Consiste en dar forma a bloques de piedra mediante el uso de herramientas manuales, como cinceles, martillos y punteros.

El proceso de labrado a mano de sillares de piedra requiere de un gran nivel de habilidad y paciencia por parte de los artesanos que lo llevan a cabo. Antes de comenzar el trabajo, es necesario seleccionar cuidadosamente las piedras más adecuadas para la construcción, teniendo en cuenta su tamaño, forma y resistencia.

– Labrante labrando una losa a mano – labrArte – Arucas.

Una vez seleccionadas las piedras, el artesano comienza a dar forma a los sillares mediante el uso de cinceles y martillos. Es importante tener en cuenta que el proceso de labrado a mano es lento y laborioso, pero permite obtener un acabado de alta calidad y una mayor precisión en las dimensiones de los bloques de piedra.

Además de su valor estético, el labrado a mano de sillares de piedra también tiene beneficios prácticos. Las piedras labradas a mano encajan de forma más precisa unas con otras, lo que proporciona una mayor estabilidad a la estructura construida y un mejor aislamiento térmico y acústico.

En la actualidad, el labrado a mano de sillares de piedra sigue siendo utilizado en la construcción de edificaciones de estilo rústico o tradicional, así como en la restauración de edificios históricos. A pesar de los avances tecnológicos en el campo de la construcción, la técnica de labrado a mano sigue siendo apreciada por su calidad y resistencia.

En resumen, el labrado a mano de sillares de piedra es una técnica artesanal que requiere de habilidad y dedicación por parte de los artesanos que la llevan a cabo. Esta técnica milenaria no solo ofrece un acabado estético de alta calidad, sino que también garantiza la durabilidad y resistencia de las construcciones realizadas con piedra labrada a mano.

Sillares, hueco de ventana en piedra de San Lorenzo

La labra de sillares de piedra es un proceso artesanal que se utiliza para dar forma y tamaño a las piedras que se utilizarán en la construcción. El proceso se realiza a mano, utilizando herramientas sencillas como el pico, la escoda, la bujarda y el cincel. Para labrar un sillar de piedra a mano, se siguen los siguientes pasos: Selecciona la piedra adecuada.

La piedra debe ser de una calidad adecuada para soportar la carga que soportará. También debe ser de un tamaño y una forma que sean fáciles de trabajar. Trabaja en un área bien ventilada. El polvo de piedra puede ser peligroso para inhalar. Comienza a labrar la piedra. Utiliza el pico para eliminar la piedra que sobra.

Labrante, proceso de la losa

A continuación, utiliza la bujarda para alisar las picadas del pico, y por último la escoda si quieres darle un acabado más liso. Aquí hay algunos consejos para labrar un sillar de piedra a mano: Utiliza herramientas de la dureza adecuada para el tipo de piedra que estás trabajando.

Una herramienta demasiado dura puede dañar la piedra, mientras que una herramienta demasiado blanda no podrá cortar la piedra. Trabaja con cuidado y precisión. La labra de piedra puede ser peligrosa, así que es importante trabajar con cuidado y precisión. Utiliza protección para los ojos y los oídos.

El polvo de piedra puede ser peligroso para los ojos y los oídos, así que es importante utilizar protección adecuada. Al seguir estos consejos, podrás labrar un sillar de piedra a mano de forma segura y eficiente. Aquí están los pasos detallados para labrar un sillar de piedra a mano con pico, escoda, bujarda, y cincel:

Labrante abujardando el paramento de la losa con una bujarda

1. Selección de la piedra La piedra debe ser de una calidad adecuada para soportar la carga que soportará. También debe ser de un tamaño y una forma que sean fáciles de trabajar. Algunos tipos de piedra que se utilizan comúnmente para la labra de sillares son el granito, el mármol, la arenisca y la caliza.

2. Trabajo en un área bien ventilada el polvo de piedra puede ser peligroso para inhalar. Por lo tanto, es importante trabajar en un área bien ventilada.

3. Labrar la piedra con el pico El pico se utiliza para desbastar lo más bruto de la piedra. Para ello, se coloca el pico sobre la piedra y se golpea.

4. Eliminar las picadas del pico con la bujarda. La escoda se utiliza para alisar la piedra y enderezarla. Para ello, se coloca la escoda sobre la piedra y se golpea en un ángulo de 45°.

5. También se puede dar un acabado final al sillar con la bujarda con el lado que tiene los picos más finos.

6. Limpieza del sillar El sillar se limpia con un cepillo para eliminar el polvo y las impurezas.

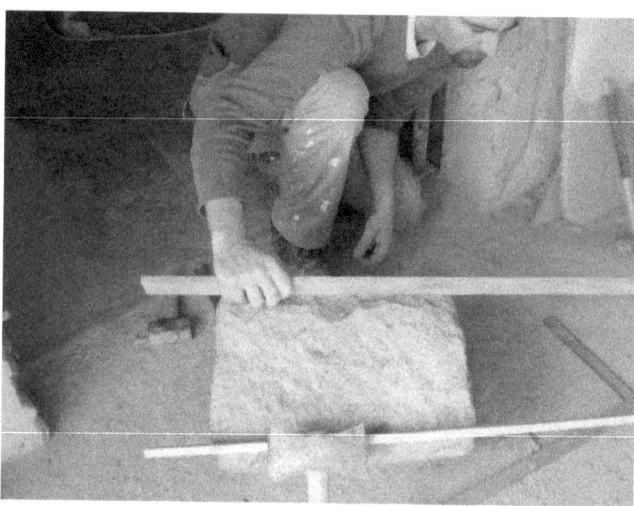

– Labrante saladeando una piedra para emparejarla – Adolfo Armas Luján.

El labrado de losas de cantería a mano es un proceso que requiere de habilidad y paciencia. Primero, se selecciona la piedra adecuada para la losa, teniendo en cuenta su tamaño y forma. Luego, se marca el diseño deseado en la piedra con un lápiz o tiza.

Después, se utiliza un cincel y martillo para ir golpeando la piedra y dar forma a la losa. Es importante ir trabajando de manera uniforme para que la losa quede nivelada y con un acabado suave. Es importante tener en cuenta que este proceso puede ser laborioso y requerir de tiempo y esfuerzo, pero el resultado final suele ser muy satisfactorio y duradero.

Labrante realizado una junta para cuadrar la losa

La labrada de la piedra antiguamente solía realizarse de forma manual utilizando herramientas como cinceles, martillos, sierras y esmeriles. Los canteros, que eran los expertos en trabajar la piedra, usaban estas herramientas para darle forma y textura a la piedra, ya sea para construir edificaciones, esculturas u otros objetos decorativos.

El proceso de labrado de la piedra comenzaba con la extracción de bloques de piedra de las canteras, los cuales luego eran cortados en tamaños más pequeños para facilitar su manejo. A continuación, se utilizaban martillos y cinceles para dar forma y detalles a la piedra, mientras que las sierras se empleaban para cortarla en formas específica, y otras herramientas para darle un acabado.

Este proceso era muy laborioso y requería de habilidad y paciencia por parte de los canteros. Sin embargo, gracias a su destreza y conocimiento en el trabajo de la piedra, lograban crear verdaderas obras maestras que perduran hasta el día de hoy.

www.ingramcontent.com/pod-product-compliance
Lightning Source LLC
Chambersburg PA
CBHW072050230526
45479CB00010B/662